中等职业学校职业技能训练用书

Visual Basic

程序设计职业技能训练

主　编　刘炎火

副主编　郭红霞

参　编　杨文生　杨景田

　　　　刘巧瑜　田　原

U0394058

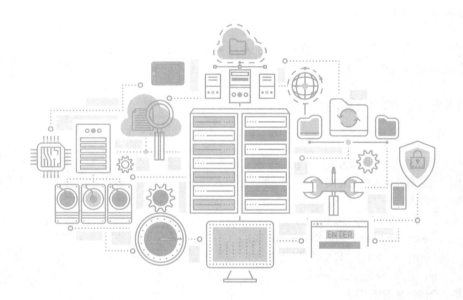

北京理工大学出版社

BEIJING INSTITUTE OF TECHNOLOGY PRESS

内容提要

本书以党的二十大为指导思想，落实立德树人根本任务，以理论够用、实用为主为原则，突出"实践性、实用性、创新性"，是编者结合多年的教学和工程经验，基于工作过程需求，嵌入"一学二练三优化"职教模式精心编写的新形态中等职业学校计算机类职业技能训练教材。全书共4个单元，内容涵盖Visual Basic 程序设计基础、程序设计结构、常用控件应用技巧和数组。

本书既可作为职业院校计算机类专业的教材，亦可供网络技术人员参考。

本书配有电子课件、PKA 模拟实训和测试答案，选用本书作为教材的教师可以登录北京理工大学出版社教育服务网（edu.bitpress.com.cn）免费下载相关资源或联系编辑咨询。

图书在版编目（CIP）数据

Visual Basic 程序设计职业技能训练 / 刘炎火主编.
-- 北京：北京理工大学出版社，2023.8
ISBN 978-7-5763-2360-3

Ⅰ.① V…　Ⅱ.①刘…　Ⅲ.① BASIC 语言 - 程序设计 - 职业教育 - 教材　Ⅳ.① TP312.8

中国国家版本馆 CIP 数据核字（2023）第 081786 号

出版发行 / 北京理工大学出版社有限责任公司
社　　址 / 北京市海淀区中关村南大街 5 号
邮　　编 / 100081
电　　话 /（010）68914775（总编室）
　　　　　（010）82562903（教材售后服务热线）
　　　　　（010）68944723（其他图书服务热线）
网　　址 / http：//www.bitpress.com.cn
经　　销 / 全国各地新华书店
印　　刷 / 定州市新华印刷有限公司
开　　本 / 787 毫米×1092 毫米　1/16
印　　张 / 12
字　　数 / 254 千字
版　　次 / 2023 年 8 月第 1 版　2023 年 8 月第 1 次印刷
定　　价 / 46.00 元

责任编辑 / 封　雪
文案编辑 / 封　雪
责任校对 / 周瑞红
责任印制 / 李志强

前言

PREFACE

本书以党的二十大为指导思想。立足"两个大局"和第二个百年奋斗目标，锚定社会主义现代化强国建设目标任务，坚持质量为先，坚持目标导向、问题导向、效果导向的原则。落实《国家职业教育改革实施方案》《中华人民共和国职业教育法》《关于推动现代职业教育高质量发展的意见》等精神要求，依照《专业教学标准》，遵循操作性、适用性、适应性原则精心组织编写。教材坚持以立德树人为根本任务，为党育人、为国育才的理念，以学生为中心、以工作任务为载体、以职业能力培养为目标，通过典型工作任务分析，构建新型理实一体化课程体系。教材编写按照工作过程和学习者认知规律设计教学单元、安排教学活动，实现理论与实践统一、专业学习和工作实践学做合一、能力培养与岗位要求对接合一。教材引用贴近学生生活和实际职业场景的实践任务，采用"一学二练三优化"的职教模式，使学生在实践中积累知识、经验和提升技能，达成课程目标，增强现代网络安全意识和应用网络的能力，开发网络思维，提高数字化学习与创新能力，树立正确的社会主义价值观和责任感，培养符合时代要求的信息素养，培育适应职业发展需要的信息能力。

本书共 4 个单元，内容涵盖 Visual Basic 程序设计基础、程序设计结构、常用控件应用技巧和数组。每个单元设有导读、学习目标、内容梳理、知识概要、应知应会、典型例题、知识测评等环节。

本书由刘炎火担任主编，郭红霞担任副主编，参加编写的还有杨文生、杨景田、刘巧瑜、田原。其中，杨景田编写了单元 1，杨文生编写了单元 2，郭红霞编写了单元 3，刘炎火编写了单元 4，刘巧瑜、田原参与资料整理工作。刘炎火负责全书的设计，内容

PREFACE

的修改、审定、统稿和完善等工作，全书由刘炎火负责最终审核。

由于编者水平有限，书中不足之处在所难免，敬请专家读者批评指正。

编　者

目录

CONTENTS

单元1

Visual Basic
程序设计基础

导读

    Visual Basic 程序设计是面向对象的程序设计语言，简单易学，效率高且功能强大，是很多计算机类专业的必修程序设计课程。Visual Basic 基础知识是学习其他单元的基础，学习好本单元对于程序设计能力的提升至关重要，本书中每一个知识点均有对应上机练习、任务解析和参考代码，可操作性强，有助于读者更好地理解理论知识，提升自己的程序设计专业技能水平。本单元将学习 Visual Basic 集成开发环境及窗口应用、对象的概念、常量和变量、基本数据类型、常用内部函数和表达式等内容。

1.1 Visual Basic 集成开发环境及窗口应用

学习目标

- 了解 Visual Basic 集成开发环境的组成。
- 理解 Visual Basic 的主要特点。
- 掌握 Visual Basic 的基本概念。
- 熟练掌握集成开发环境及其主要窗口的使用方法。
- 熟练掌握应用程序的建立、编辑、调试、运行和保存。
- 训练程序化思维和对信息化的感悟能力。

内容梳理

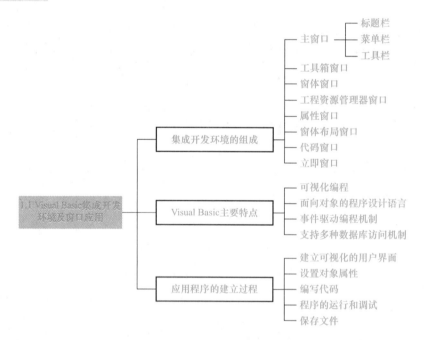

知识概要

1. Visual Basic 6.0 集成开发环境概述

Visual Basic 6.0 集成开发环境（Integrated Development Environment，IDE）是一组软件工具，它是集应用程序的设计、编辑、运行、调试等多种功能于一体的环境。

　　启动 Visual Basic 6.0，默认弹出"新建工程"对话框，如图 1-1-1 所示，选择"新建选项卡"中的"标准 EXE"，单击"打开"命令按钮，进入 Visual Basic 6.0 集成开发环境，如图 1-1-2 所示。

　　Visual Basic 6.0 正常启动时，有一些窗口可能不会出现（如立即窗口），若在操作过程中，想打开或者关闭某些窗口，可以通过"视图"菜单中相应的命令按钮实现，在 Visual Basic 6.0 集成环境中，其他窗口的操作步骤也类似。

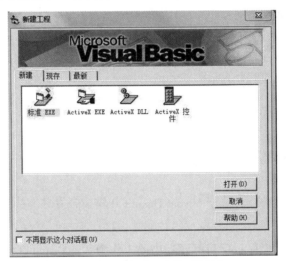

图 1-1-1　"新建工程"对话框

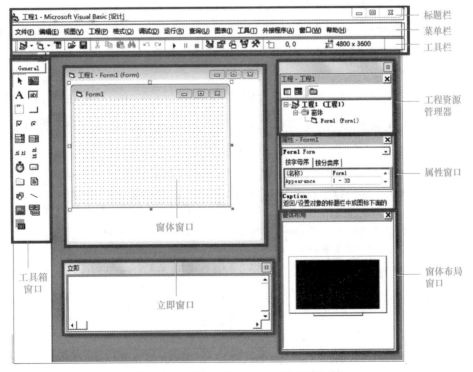

图 1-1-2　Visual Basic 6.0 集成开发环境

2. Visual Basic 的主要特点

（1）可视化编程。

Visual Basic 程序设计是可视化的，因此，用户只需要根据界面的设计要求，在 Windows 下建立一个"窗体"，在上面画出各种对象，这样直观而且方便，大大提高了程序设计的效率。

（2）面向对象的程序设计语言。

Visual Basic 支持面向对象的程序设计，其以图形的方式将对象显示在界面上。

（3）事件驱动编程机制。

Visual Basic 程序运行的基本方法是由"事件"来驱动程序，这大大降低了编写程序的难度，一个对象可能产生多个事件，而每个事件都可以通过一段程序来响应。

（4）支持多种数据库访问机制。

应知应会

1. 集成开发环境的组成

（1）主窗口。

主窗口也称为设计窗口，位于 Visual Basic 6.0 集成开发环境的顶部，由标题栏、菜单栏和工具栏组成。

①标题栏。标题栏上显示项目标题和当前工作模式。Visual Basic 6.0 的三种工作模式为设计（Design）模式、运行（Run）模式和中断（Break）模式。

②菜单栏。菜单栏中提供了开发、调试和保存应用程序所需要的工具。

③工具栏。Visual Basic 6.0 提供了四种工具栏，即编辑、标准、窗体编辑器和调试。一般情况下，Visual Basic 6.0 启动后，默认显示标准工具栏。

（2）工具箱窗口。

Visual Basic 6.0 工具箱窗口中包含各种控件的制作工具，用户可以利用这些工具在窗体上设计各种控件，常用的控件有标签、文本框和单选按钮等，如图 1-1-3 所示。

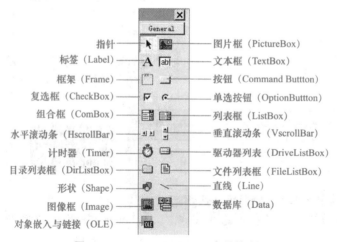

图 1-1-3　Visual Basic 6.0 工具箱窗口

（3）窗体窗口。

窗体窗口是 Visual Basic 6.0 集成开发环境的中心部分，也称为用户界面，如图 1-1-4 所示。

一个应用程序至少有一个窗体窗口，可以在窗体上放置各种控件，默认的工程名称为"工程 1"，默认的窗体名称和窗体标题名称都为"Form1"。修改窗体名称可以通过修改窗体的 Name 属性值完成，修改窗体标题可以通过修改窗体的 Caption 属性值完成。

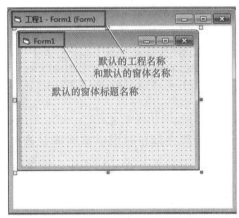

图 1-1-4　Visual Basic 6.0 窗体窗口

（4）工程资源管理器窗口。

在 Visual Basic 6.0 中，一个完整的应用程序称为一个工程，由窗体、模块、类模块、用户控件等组成。工程资源管理器是一种对这些资源进行有效管理的工具，而工程资源管理器以树形结构方式实现管理，如图 1-1-5 所示。

图 1-1-5　Visual Basic 6.0 工程资源管理器窗口

工程资源管理器主要包括以下几类文件：

①工程文件。每个工程对应一个工程文件，工程文件的扩展名是 .vbp。

②窗体文件。每个窗体对应一个窗体文件，窗体文件的扩展名是 .frm。一个工程中可以有一个或多个窗体文件。

③标准模块文件。标准模块文件也称程序模块文件，标准模块文件的扩展名是 .bas。

（5）属性窗口。

属性窗口用来设置窗体或窗体中控件的属性，其显示方式分为按字母序和按分类序两种，如图 1-1-6 所示。

图 1-1-6　Visual Basic 6.0 属性窗口

（6）窗体布局窗口。

窗体布局窗口用来设置应用程序运行时窗体在屏幕上首次出现的位置，可先用鼠标拖动窗体布局窗口中的窗体来调整位置，再运行程序，调整后的窗体在屏幕中的位置如图 1-1-7 所示。

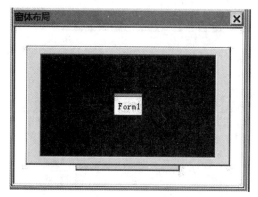

图 1-1-7　Visual Basic 6.0 窗体布局窗口

（7）代码窗口。

在设计模式下，用户通过单击工程资源管理器窗口中的"查看代码"按钮或者双击窗体上的任何控件都可以打开代码窗口，Visual Basic 6.0 启动时没有打开代码窗口。除以上方式外，用户还可以使用快捷键"F7"打开代码窗口，也可以单击菜单栏中"视图（V）"菜单下的"代码窗口"菜单项来打开代码窗口，如图 1-1-8 所示。

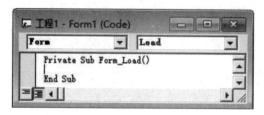

图 1-1-8　Visual Basic 6.0 代码窗口

代码窗口的自动功能包括：

①自动添加程序开头和结尾。

②自动显示控件属性。

③自动显示帮助信息。

（8）立即窗口。

立即窗口是 Visual Basic 6.0 提供的一个系统对象，又名 Debug 对象，作用是调试程序。其中只有方法，没有任何事件和属性。在设计模式下，用户可以在立即窗口中进行一些简单的命令操作，如图 1-1-9 所示。

图 1-1-9　Visual Basic 6.0 立即窗口

2. 应用程序的建立过程

（1）建立可视化的用户界面。

（2）设置对象属性。

（3）编写代码。

（4）程序的运行和调试。

（5）保存文件。

【案例 1】Visual Basic 6.0 集成开发环境中的大部分窗口可以从主菜单项（　）的下拉菜单中找到相应的打开命令。

A．编辑　　　　　　　　　　B．视图

C．格式　　　　　　　　　　D．测试

【解析】本题考查 Visual Basic 6.0 的集成开发环境组成。

【答案】B

【案例 2】以下不属于 Visual Basic 6.0 特点的选项是（　）。

A．可视编程　　　　　　　　B．算法设计

C．事件驱动　　　　　　　　D．面向对象

【解析】本题考查 Visual Basic 6.0 的主要特点，四个特点中不包含算法设计。

【答案】B

【**案例3**】新建一个 Visual Basic 6.0 工程，调整窗体 Form1 的大小，观察标题栏、菜单栏、工具栏、工具箱窗口、窗体窗口、工程资源管理器窗口、属性窗口、代码窗口等，将窗体 Form1 保存为 vb.frm，将工程1保存为 vb.vbp。案例的具体操作过程如图1-1-10～图1-1-12所示。

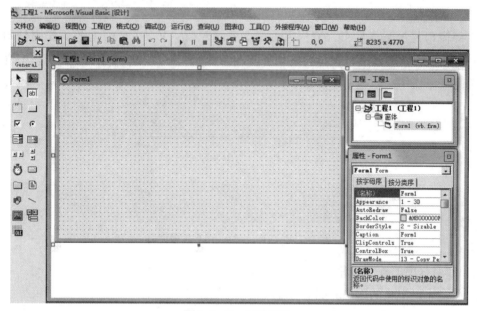

图 1-1-10　新建文件

图 1-1-11　保存窗体文件

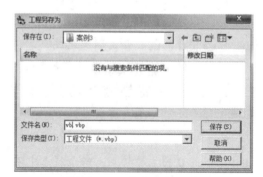

图 1-1-12　保存工程文件

知识测评

一、单选题

1．下列关于 Visual Basic 6.0 的叙述中，正确的是（　　）。

A．一个工程只能有一个窗体　　　　　B．一个窗体对应一个窗体文件

C．窗体文件的扩展名是 .vbp　　　　　D．对象就是窗体

2．Visual Basic 6.0 集成开发环境有三种工作模式，不属于三种工作状态之一的是（　　）。

A．设计状态　　　　　　　　　　B．编写状态

C．运行状态　　　　　　　　　　D．中断状态

3．打开 Visual Basic 6.0 集成开发环境后，默认显示的工具栏是（　　）。

A．编辑工具栏　　　　　　　　　B．标准工具栏

C．调试工具栏　　　　　　　　　D．窗体工具栏

4．Visual Basic 6.0 程序设计语言属于（　　）。

A．面向过程的语言　　　　　　　B．面向问题的语言

C．面向对象的语言　　　　　　　D．面向机器的语言

5．Visual Basic 6.0 启动后，系统中默认的工程名称是（　　）。

A．工程 1　　　　　　　　　　　B．窗体

C．工程　　　　　　　　　　　　D．窗体 1

二、填空题

1．窗体文件的扩展名为_____，工程文件的扩展名为_____，标准模块文件的扩展名为_____。

2．Visual Basic 6.0 集成开发环境有三种工作模式，分别是_____模式、_____模式和_____模式。

3．标题栏显示_____和_____。

4．Visual Basic 6.0 启动后，系统为用户启动建立了一个窗体，在默认情况下，该窗体的临时名称是_____。

5．Visual Basic 6.0 提供的_____以树形结构的方式对其资源进行管理。

三、简答题

1．请写出 Visual Basic 6.0 集成开发环境的主要窗口。

2．简述 Visual Basic 6.0 应用程序开发的主要步骤。

1.2 Visual Basic 相关概念

学习目标

● 理解对象、属性、方法和事件的相关概念。

● 理解事件和事件过程。

● 掌握 Visual Basic 中对象属性和方法的一般设置方式。

● 掌握 Visual Basic 的事件过程的代码编写方式。

● 掌握窗体的常用属性、方法和事件。

● 熟练掌握窗体的典型应用，能够进行简单的程序设计。

● 掌握控件的分类、绘制和属性设置方式。

内容梳理

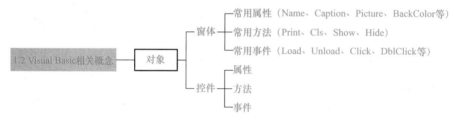

知识概要

1. 对象

对象是程序中可区分、可识别的实体，包含了对象的属性、作用于对象的方法和对象的事件。在 Visual Basic 中，对象主要是指窗体和控件；用户既可以自己设计对象，也可以使用系统自带的对象。

2. 属性

属性是描述对象特征的数据，用于表示对象的特征，不同类型的对象具有不同的属性，相同类型的不同对象具有相同的属性名，但属性值不同。对象的属性值可以在属性窗口修改，也可以通过赋值语句修改。属性也是对象内部的变量。对象属性设置格式如下：

对象名称.属性名称 = 新设置的属性值

例：Form1.Caption="测试"

3. 方法

在 Visual Basic 中，一些通用的操作被编写成子程序并封装起来，这些通用子程序就称为方法。对象方法用于完成某种特定功能，在调用方法时应指明方法所属的对象。对象方法设置格式如下：

对象名称 . 方法名称

例：Form1.Print" 欢迎使用 Visual Basic"

如果默认对象为当前对象（一般指当前窗体），则可以省略对象名称。

例：Print" 欢迎使用 Visual Basic"

4. 事件及事件过程

Visual Basic 是通过响应事件，接收事件发出的消息来调用过程的。Visual Basic 事件是指由系统事先设定的、能为对象识别和响应的动作。

每个对象都可以对一个或者多个事件进行识别和响应，而且它们所能识别的事件不同。例如，窗体能响应 Click（单击）和 DblClick（双击）事件，而命令按钮能响应 Click 事件，但不能响应 DblClick 事件。事件过程的一般格式如下：

```
Private Sub 对象名称 _ 事件名称（ ）
     …
     事件响应程序代码
     …
End Sub
```

例：命令按钮 Command1 的单击事件

```
Private Sub Command1_Click（ ）
     Print" 你好！ "
End Sub
```

应知应会

1. 窗体

窗体既是 Visual Basic 的对象，又是一种容器，在窗体上可以放置各种控件对象。

Visual Basic 窗体就是一般的 Windows 窗口，它是程序的用户界面，用户可以通过窗体与程序实现交互。一个 Visual Basic 应用程序中可以有一个或者多个窗体。

2. 窗体常用属性

窗体的常用属性如表 1-2-1 所示。

表 1-2-1 　窗体的常用属性

属性名称	说明
Name	窗体的名称
Caption	窗体的标题

属性名称	说明
Picture	窗体的背景图片
Icon	窗体最小化时显示的图标
BackColor	窗体的背景色
ForeColor	窗体的前景色（字体颜色用 ForeColor 属性设置）
FontName	窗体的字体，可从弹出的对话框选择字体
FontSize	窗体的字体大小，可以从弹出的对话框选择字体大小
Left、Top	窗体与屏幕最左端 / 最顶端的距离
Height、Width	窗体的高度 / 宽度
BorderStyle	窗体边框的类型
Enabled	窗体是否可用，值为 True 或者 False
Visible	窗体是否可见，值为 True 或者 False
ControlBox	是否显示控制菜单，值为 True 或者 False
MaxButton	是否有最大化按钮，值为 True 或者 False
MinButton	是否有最小化按钮，值为 True 或者 False
AutoRedraw	控制屏幕图像的重建

每个窗体都有一个名字，由 Name 属性决定，一般情况下窗体的默认名称是 Form1。设置窗体属性值的格式如下：

窗体名称 . 属性名称 = 新设置的属性值

例：窗体字体属性设置

```
Form1.FontName=" 黑体 "
```

3. 窗体常用方法

窗体的方法有很多，下面介绍编程过程中常用的几种方法。

（1）Print 方法使用的一般格式为：

```
［窗体名称 .］Print［表达式列表］［, ］［; ］
```

功能：在窗体、图像框、打印机或者立即窗口上输出表达式列表，当对象被省略时，表示在窗体上输出。

（2）Cls 方法使用的一般格式为：

```
［窗体名称 .］Cls
```

功能：用来清除用 Print 方法在窗体或者图片框中显示的文本，以及用图形方法在窗体或者图片框中绘制的图形。如果省略对象，则清除当前窗体中显示的内容。

（3）Show 方法使用的一般格式为：

```
［窗体名称 .］Show
```

功能：用于显示窗体对象，兼具装入和显示窗体两种功能。

（4）Hide 方法使用的一般格式为：

［窗体名称 . ］Hide

功能：用于隐藏窗体对象，仍在内存中。

4. 窗体常用事件

窗体常用事件如表 1-2-2 所示。

表 1-2-2　窗体常用事件

事件名称	事件描述
Load	调用，多用于初始化，是运行后自动触发的事件
Unload	不调用，关闭触发的事件
Click	单击
DblClick	双击
KeyPress	按任意键，参数 KeyAscii 表示按下任意键对应的 ASCII 码
MouseDown	按下鼠标，参数 Button 值为 1 表示单击鼠标左键；参数 Button 值为 2 表示单击鼠标右键
MouseUp	松开鼠标

在使用 Visual Basic 6.0 编程的过程中，不管窗体名称是 Form1 还是 F1，或者其他任何名称，所有窗体事件的过程名称都是以 "Form_" 开头的，这是窗体对象与其他对象的重要区别之一。

在窗体模块的事件过程中，若要调用当前窗体的方法，书写时可以省略窗体名称，或者用 "Me" 关键字代替当前窗体的名称。例如：

Me.Hide' 隐藏当前窗体

Form2.Show' 显示窗体 Form2

在 Visual Basic 6.0 中，可以通过 "工程" 菜单中的 "添加窗体" 命令在工程中加入新窗体，Form1 默认为启动窗体。

5. 控件

控件以图标的形式放在 "工具箱" 中，每种控件都有与之对应的图标。

Visual Basic 控件有三类：标准控件（内部控件）、ActiveX 控件和可插入对象。启动 VB 后，工具箱列出的控件是内部控件，每个控件都有一个名字，由 Name 属性决定。一般情况下，控件都有默认名字。设置控件属性值的格式如下：

控件名称 . 属性名称 = 新设置的属性值

例 1：标签属性设置

Label1.Caption=" 课程名称 "

例 2：文本框属性设置

Text1.Text=" 计算机网络技术 "

'相当于 Text1=" 计算机网络技术 "，文本框默认属性是 Text，书写时可以省略。

例 3：命令按钮属性设置

Command1.Caption=" 确定 "

添加控件有两种方法：双击工具箱上的图标或者单击对应控件图标后，在窗体上拖动鼠标。双击控件图标添加的控件显示在窗体中央，可以用鼠标拖动来进行缩放和移动控件，可以复制和删除控件。

典型案例

【案例 1】编写一个简单的 Visual Basic 窗体应用程序，程序运行后，用鼠标单击窗体 Form1 显示图 1-2-1 所示文字；用鼠标双击窗体 Form1 后隐藏窗体 Form1，显示窗体 Form2；再用鼠标单击窗体 Form2 后便可显示图 1-2-2 所示文字。

图 1-2-1　单击窗体 Form1 显示结果　　　　　图 1-2-2　单击窗体 Form2 显示结果

【解析】本题考查窗体的常用属性、方法和事件，窗体的常用属性有：字体（Font Name）、字号（Font Size）等；常用方法有：Print、Show、Hide 等；常用事件有：Click、DblClick 等。

编写如下事件过程：

```
Private Sub Form_Click()'单击窗体 Form1
    Form1.FontSize=20
    Print
    Print" 鼠标双击隐藏窗体 Form1, 显示窗体 Form2!"
End Sub
Private Sub Form_DblClick()'双击窗体 Form1
    Form1.Hide
    Form2.Show
End Sub
Private Sub Form_Click()'单击窗体 Form2
    Form2.FontSize=20
    Print
    Print" 欢迎使用窗体 Form2!"
End Sub
```

【案例 2】编写一个简单的 Visual Basic 控件应用程序，要求程序中有两个命令按钮和一个文本框，单击"显示"按钮时，文本框中显示"恭喜你，完成了第一个 VB 程序！"；

单击"退出"按钮时，程序结束运行。程序控件属性见表1-2-3。

表 1-2-3　**Visual Basic** 程序控件属性

控件	属性	值
Text1	FontName	新宋体
	FontSize	四号
Command1	Caption	显示
	FontName	新宋体
	FontSize	四号
Command2	Caption	退出
	FontName	新宋体
	FontSize	四号

程序运行结果如图1-2-3所示。

图 1-2-3　程序运行结果

编写如下事件过程：

```
Private Sub Command1_Click()
    Text1.Text=" 恭喜你，完成了第一个VB程序！"
End Sub
Private Sub Command2_Click()
    End
End Sub
```

知识测评

一、单选题

1. 想改变一个窗体的标题，则应设置以下哪个属性的值？（　　）

A. FontName

B. Caption

C. Name
D. Text

2. 在运行时，系统自动执行启动窗体的（ ）事件过程。

A. Click
B. GotFocus

C. Load
D. Unload

3. 下列关于设置控件属性的叙述正确的是（ ）。

A. 用户必须设置属性值，否则其为空

B. 所有属性值都可以由用户随意设定

C. 属性值不必一一重新设置

D. 不同控件的属性项完全一样

4. 要设置窗体的字体颜色，应该设置以下哪个属性的值？（ ）

A. Font
B. FontColor

C. ForeColor
D. BackColor

5. 当程序运行时，单击窗体 F1，窗体标题被清除，以下（ ）是正确的代码。

A.
```
Private Sub F1_Click()
    F1.Caption=""
End Sub
```

B.
```
Private Sub Form_Click()
    F1.Caption=""
End Sub
```

C.
```
Private Sub F1_Click()
    F1.Cls
End Sub
```

D.
```
Private Sub Form_Click()
    F1.Cls
End Sub
```

二、填空题

1. 对窗体 Form1 使用 Show 方法，可写成_____。

2. 将窗体 F2 的标题修改为"第一页"，代码为_____。

3. 若要设置窗体的最大化按钮不可用，应将_____属性的值设置为_____。

4. 在窗体 Form1 中打印字符串"Hello Word"代码为_____。

5. 设置对象的属性值有两种方法，一种是设计时在属性窗口中设置；另一种是运行时设置，设置格式为_____。

三、简答题

1. 简述对象的定义。

2. 简述窗体的常用方法。

四、实操题

1. 设计一个 Visual Basic 程序，待程序运行后，单击窗体时窗体将标题改为"测试"；单击"输出"按钮时，窗体上显示"计算机类职业技能考试"；双击窗体时，清除窗体上显示的文本，同时清除窗体标题，效果如图 1-2-4 ～图 1-2-6 所示。

图 1-2-4 单击窗体

图 1-2-5 单击"输出"按钮

图 1-2-6 双击窗体

2. 设计一个 Visual Basic 程序，待程序运行后，单击窗体时加载背景图片 bg.jpg ；双击窗体清除背景图片，效果如图 1-2-7 和图 1-2-8 所示。

图 1-2-7 单击窗体显示图片

图 1-2-8 双击窗体清除图片

1.3 Visual Basic 数据类型及运算符

学习目标

- 理解 Visual Basic 常见的基本数据类型的概念和特点。
- 理解并掌握常见运算符的功能和优先级。
- 熟练掌握基本数据类型的表示方法。
- 熟练掌握基本数据类型的实践应用。
- 熟练掌握常见运算符的实践应用。
- 拥有程序化思维和对信息化的感悟能力。

内容梳理

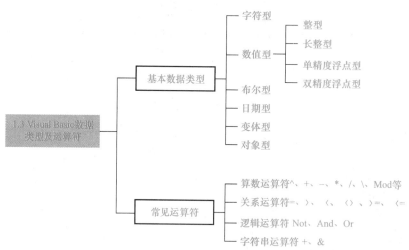

知识概要

1. 基本数据类型

Visual Basic 中主要有字符型、数值型、布尔型、日期型、变体型和对象型。

2. 常见运算符

Visual Basic 中主要有算术运算符、关系运算符、逻辑运算符和字符串运算符。运算符是构成表达式的重要元素。

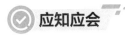

1. 基本数据类型

在 Visual Basic 中，不同数据类型占用的字节数和适用范围均不同，常用基本数据类型如表 1–3–1 所示。

表 1–3–1　Visual Basic 常用基本数据类型

数据类型		类型名称	类型声明符	占用字节数和取值范围
数值型	字节	Byte	无	占用 1 个字节，取值范围 0 ~ 255（0 ~ 2^8–1）
	整型	Integer	%	占用 2 个字节，取值范围 –32768 ~ 32767（-2^{15} ~ 2^{15}–1）
	长整型	Long	&	占用 4 个字节，取值范围（-2^{31} ~ 2^{31}–1）
	单精度	Single	!	占用 4 个字节，E 的表示法：如将 0.01234 表示为 1.234E-2；1E6 表示 10^6
	双精度	Double	#	占用 8 个字节，D 的表示法（参考 E 的表示）
	货币	Currency	@	占用 8 个字节，用于表示钱款
字符型	字符串	String	$	0 ~ 65535 个字符（每个字符占用 1 个字节），用一对双引号（""）表示，空串的长度为 0
日期型	日期	Date	无	用一对井号（"#"）表示，Visual Basic 中日期格式表示为：mm/dd/yy 或 mm/dd/yyyy 如 #11/19/22# 或 #11/19/2022# 默认输出格式：yyyy–mm–dd 或 yyyy/mm/dd 如 2022–11–19 或者 2022/11/19
逻辑型	布尔型	Boolean	无	只有两种值：True 或 False
对象型	对象	Object	无	对象型数据用来表示图形、OLE 对象或者其他对象
变体型	变体	Variant	无	变体数据类型是一种可变的数据类型，可以表示任何值，包括数值、字符串、日期 / 时间等类型

2. 算术运算符

在 Visual Basic 中，算术运算符是常用的运算符，用来执行简单的运算任务，如表 1–3–2 所示。

表 1–3–2　算术运算符

算术运算符	功能说明	应用举例	运算结果
+	加法运算	1+2	3
—	减法运算	5–8	–3
*	乘法运算	5*8	40
/	除法运算	25 / 5	5
\	整除运算	10\3	3
Mod	求余数运算	10 Mod 3	1
^	指数运算	2^3	8

常见算术运算符顺序：乘方（^）、乘除（*/）、整除（\）、取模（Mod）、加减（＋、－）。同一级别的运算符按照从左到右的顺序计算。

3．关系运算符

在 Visual Basic 中，常见的关系运算符有 6 种（表 1-3-3），关系表达式的结果为布尔型的值 True 或 False。

表 1-3-3　常见的关系运算符

关系运算符	运算符含义	相当的数学符号	关系表达式示例
=	等于	=	x=0
>	大于	>	5>2
<	小于	<	"AB"<"VB"
<>	不等于	≠	x<>0
>=	大于等于	≥	x>=10
<=	小于等于	≤	x<=0

关系表达式的运算顺序是：先进行算术运算或字符串运算，然后再进行比较运算，其运算结果是一个逻辑值，即 True（真）或 False（假）。如果条件成立，则关系表达式的值为 True；如果条件不成立，则关系表达式的值为 False。

如果关系运算符的两边表达式的运算结果是数值，则按其大小进行比较。

例如：当 $a=3$，$b=4$ 时，$a<b$ 的值为 True

字符串的比较顺序是：从左到右依次对每个字母的编码值大小进行比较，如果对应的字符相同，则继续比较下一个字符，直到遇到第一个不相等的字符。此时，哪个字符的 ASCII 码大，其对应的字符串就大。例如：

```
"A" < "B"          ' 值为 True,"A" 的 ASCII 码值 65,"B" 的 ASCII 码值为 66
"ABC"<="ABD"       ' 值为 True
"ABC"<>"ABCDE"     ' 值为 True
```

4．逻辑运算符

常见的逻辑运算符有 3 种，如表 1-3-4 所示。逻辑表达式的结果为布尔型的值 True 或 False。

表 1-3-4　常见的逻辑运算符

逻辑运算	逻辑运算符	逻辑表达式举例	表达式运算结果
非	Not	Not（3>2）	False
与	And	25>=10 And 25<=100	True
或	Or	25>=10 Or 25>=100	False

在 Visual Basic 中，逻辑运算符的运算顺序为 Not、And、Or，即 Not 运算符的优先级高于 And 运算符，And 运算符的优先级高于 Or 运算符。

5．字符串运算符

Visual Basic 中常用的字符串运算符有 "&" 和 "+"（连接），它们的功能是把参加运算的字符串按原来的顺序首尾相接，组成新的字符串。例如："I am a" & "teacher" 连接后得到新的字符串"I am a teacher"。

"&"和"+"的区别是"+"号只能是两个字符串连接；"&"号可以是字符串与另一种类型的数据连接。例如："a"+2 是错误的，但是"a" & 2 是正确的。

典型案例

【案例 1】设计一个简易计算器，要求功能如下：在文本框中输入第一个操作数和第二个操作数（要求输入的第二个操作数为非零的数），单击"加""减""乘""除""整除""取余"按钮，实现第一个操作数与第二个操作数对应的运算，结果显示在下方的标签中；单击"清除"按钮清除数据；单击"退出"按钮退出程序，效果如图 1-3-1 和图 1-3-2 所示。

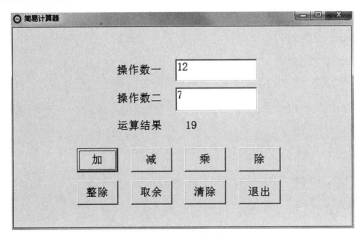

图 1-3-1 单击"加"按钮

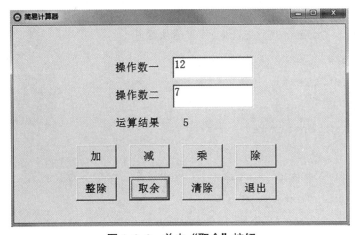

图 1-3-2 单击"取余"按钮

【解析】本题考查常见运算符的应用。首先声明，变量 a、b 分别表示操作数一和操作数二，c 表示计算结果；根据题目要求写出加减乘除整除取余运算的表达式分别为：c=a+b

（加法），c=a-b（减法），c=a*b（乘法），c=a/b（除法），c=a\b（整除），c=a Mod b（取余），除数不为 0。程序中 Val 函数的作用是将字符型数据转换为数值型数据，Text1.Text 默认为字符型数据；与之作用相反的是 Str 函数。

编写如下事件过程：

```
Dim a%,b%,c%
Private Sub Command3_Click()'加法运算
  a=Val(Text1.Text)
  b=Val(Text2.Text)
  c=a + b
  Label4.Caption=Str(c)
End Sub
Private Sub Command4_Click()'减法运算
  a=Val(Text1.Text)
  b=Val(Text2.Text)
  c=a - b
  Label4.Caption=Str(c)
End Sub
Private Sub Command5_Click()'乘法运算
  a=Val(Text1.Text)
  b=Val(Text2.Text)
  c=a * b
  Label4.Caption=Str(c)
End Sub
Private Sub Command6_Click()'除法运算
  a=Val(Text1.Text)
  b=Val(Text2.Text)
  c=a / b
  Label4.Caption=Str(c)
End Sub
Private Sub Command7_Click()'整除运算，除数不为 0
  a=Val(Text1.Text)
  b=Val(Text2.Text)
  c=a\b
  Label4.Caption=Str(c)
End Sub
```

```
Private Sub Command8_Click ( ) '取余运算,除数不为 0
  a=Val (Text1.Text)
  b=Val (Text2.Text)
  c=a Mod b
  Label4.Caption=Str (c)
End Sub
Private Sub Command1_Click ( )       ' 清除数据
  Text1.Text=""                      ' 清除文本框 1
  Text2.Text=""                      ' 清除文本框 2
  Label4.Caption=""                  ' 清除标签中的文本
End Sub
Private Sub Command2_Click ( ) '退出程序
  End
End Sub
```

【案例 2】设计一个 Visual Basic 程序,待程序运行后,在文本框 Text1 中输入字符串
1,在文本框 Text2 中输入字符串 2,单击"新字符串"按钮后将字符串 1 和字符串 2 连接
为一个新字符串,并将结果显示在文本框 Text3 中,效果如图 1-3-3 所示。

【解析】本题考查字符串连接运算。由于文本框输入的文本默认为字符类型,可以使
用 "+" 或 "&" 进行字符串连接运算:Text1.Text + Text2.Text 或者 Text1.Text & Text2.
Text。

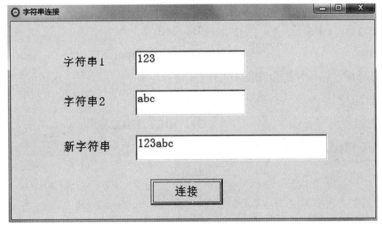

图 1-3-3　字符串连接

编写如下事件过程:

```
Private Sub Command1_Click ( )
  Text3.text= Text1.Text & Text2.Text
End Sub
```

知识测评

一、单选题

1．以下哪一个数字不是 Integer 类型的整数？（　　）。

A．255　　　　　　　　　　　　B．256

C．32767　　　　　　　　　　　D．32768

2．长整型数据在内存中占（　　）个字节。

A．1　　　　　　　　　　　　　B．2

C．4　　　　　　　　　　　　　D．8

3．类型符"$"是声明（　　）类型变量的类型定义符。

A．Integer　　　　　　　　　　B．Variant

C．Single　　　　　　　　　　　D．String

4．以下哪一个是单精度浮点型变量的类型定义符？（　　）

A．%　　　　　　　　　　　　　B．!

C．#　　　　　　　　　　　　　D．&

5．在 ^、\、/、Mod、* 等 5 个算术运算符中，优先级最高的是（　　）。

A．/　　　　　　　　　　　　　B．^

C．Mod　　　　　　　　　　　　D．*

6．下列选项中，（　　）不是一个合法的字符串常量。

A．"January 8，2014"　　　　　B．2+3=7

C．"字符串"　　　　　　　　　D．"December"

7．下列选择中，（　　）是合法的日期型常量。

A．"01/12/2022"　　　　　　　B．01/12/22

C．#01/12/22#　　　　　　　　D．{01/12/2022}

8．表达式 7 Mod 3 + 9 \ 4 的结果是（　　）。

A．2　　　　　　　　　　　　　B．3

C．4　　　　　　　　　　　　　D．3.35

9．下面四个表达式中值为 0 的是（　　）。

A．2/5　　　　　　　　　　　　B．5 mod 2

C．2\5　　　　　　　　　　　　D．2 mod 5

10．表达式 7 \ 3 + 5 Mod 2 > 3^2 / 6 的值是（　　）。

A．True　　　　　　　　　　　B．False

C．0　　　　　　　　　　　　　D．1

二、填空题

1．长整型数据的声明符是_____。

2．在逻辑运算中，参与运算的两个表达式都为 False 时，结果才是_____。

3．表达式（3+7*3）/2 的值为_____。

4．表达式 3^3+8 的值为_____。

5．表达式 #11/22/22#-10 的值为_____。

三、简答题

1．Visual Basic 中的数据类型主要有哪几种？

2．Visual Basic 中常见的运算符有哪几种？

四、实操题

1．输入以下程序段，分析运行结果。

```
Private Sub Command1_Click（）
    a=4: b=2
    Print a; b
    Print a Mod b
    Print a > b,a < b
    Print #03/01/2023#
    Print "BeiJing"; "CHINA"
End Sub
```

2．设计一个 Visual Basic 程序，待程序运行后，在文本框中输入一个两位数，单击"求和"按钮，在对应标签中显示该数的个位数字、十位数字，以及个位数字和十位数字之和，效果如图 1-3-4 所示。

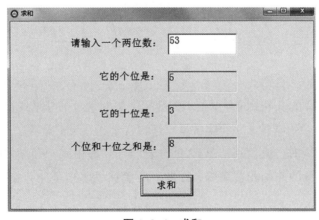

图 1-3-4　求和

1.4 Visual Basic 常量、变量、表达式的定义及应用

学习目标

● 理解并掌握变量和常量的基本概念。
● 熟练掌握常量的使用方法。
● 熟练掌握变量的声明和实践应用方法。
● 熟练掌握表达式的书写规则。
● 熟练掌握 Visual Basic 中常见表达式的应用。
● 拥有程序化思维和对信息化的感悟能力。

内容梳理

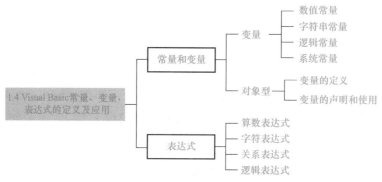

知识概要

1. 常量和变量

常量是指直接写在程序中的数据，不同数据类型的常量书写格式也不相同。在 Visual Basic 中，常见的有数值常量、字符串常量、逻辑常量和系统常量等。

变量是指在运行时，其值可以被改变的量。与常量相比，变量是可以多次赋值的，在程序设计中，变量的使用非常频繁，因此，应该熟练掌握不同数据类型变量的声明和使用。

2. 表达式

在 Visual Basic 中，常量、变量、函数是表达式，而将它们加上圆括号或运算符连接起来的有意义的式子称为表达式。其中，常见的表达式有算术表达式、字符表达式、关系表达式和逻辑表达式。

应知应会

1. 常量的分类和声明

（1）数值常量。

①整型数值常量：如 1、23、123% 等都属于整型数值常量，其中"%"是类型符。

②长整型数值常量：如 65536、&23 等，其中"&"是八进制整型常量的前缀。

③单精度浮点型数值常量：如 3.14、123！、123.2！、3.14E+2 等。

④双精度浮点型数值常量：如 3.14#、123#、123.2#、3.14D+2 等。

（2）字符串常量。

字符串常量是用双引号括起来的字符，如 "Hello！"、"123"、Chr（9）（水平制表符）等，字符串区分大小写。

（3）逻辑常量。

逻辑常量只有两个值：True 和 False。

（4）编程中常用的 Visual Basic 系统常量。

Visual Basic 中常用的系统常量有回车换行符、水平制表符和一些表示颜色的常量，如表 1-4-1 所示。

表 1-4-1　Visual Basic 常用常量及描述

Visual Basic 常量	描述
vbCrLf	回车换行符
vbTab	水平制表符
vbRed	红色（颜色）
vbBlue	蓝色（颜色）
vbBlack	黑色（颜色）
vbYellow	黄色（颜色）
vbWhite	白色（颜色）

（5）常量声明。

在 Visual Basic 中，可以靠定义符号常量来替代一个数值或字符串。

一般格式为：

Const 常量名 as 类型名 = 表达式［，常量名 As 类型名 = 表达式］……

```
例：Const a as Integer=5
    Const b as String="Hello"
```

其中 Const 为关键字，符号常量在声明时直接赋值，但是只能被赋值一次，在后续程序中不能再被赋值。

2. 变量的定义

在 Visual Basic 中，变量需要预先定义，首先要给变量起一个合法的变量名，变量名的命名规则如下：

①变量名必须以字母开头。

②变量名只包含字母、数字或下划线。

③变量名不区分大小写。

④变量名的有效字符为 255 个。

⑤变量名不使用保留字，如：For，Print，Dim，Rem，Form 等 Visual Basic 保留字不能作为变量名。

例：下列可以作为 Visual Basic 变量名的是（　　）。

A．4*Delta 　　　　　　　　　B．Alpha

C．4ABC 　　　　　　　　　　D．ABπ

【解析】选项 A、C 以数字开头，不符合变量命名要求；选项 D 中出现了 π 这样的字符，不符合变量名命名规则，故选项 B 正确。

3. 变量的声明

（1）一般格式。

Declare 变量名 As 类型名〔，变量名 As 类型名〕……

lDeclare 表示变量的声明，它可以是下列中的一个：Dim（声明局部或模块变量）、Static（声明静态变量）、ReDim（重新定义，一般在动态数组声明中使用）、Private（模块变量）或 Public（全局变量）。

例：Dim a As Integer　　　　'定义 a 为整型

　　Dim a%　　　　　　　　'定义 a 为整型，用声明符 % 代替 As Integer

　　Dim a　　　　　　　　'没有声明类型，则默认为变体型 Variant

变量的作用域如表 1-4-2 所示。

表 1-4-2　变量的作用域

变量	变量作用域
局部变量	Dim（局部变量，动态变量，自动回零），Static（静态变量，不清零，变量累加）
模块变量	Dim、Redim、Private 在窗体层或模块层定义
全局变量	Public 在模块层、窗体层定义

下面用例子具体说明常见的变量声明方式。

声明 1：一条语句可以定义多个变量，用逗号分隔。

例：Dim var1 As Integer,var2 As Double

　　Dim a As Integer,b As Integer　　'定义变量 a 和 b 为整型

　　Dim a,b As Integer　　　　　　'定义变量 b 为整型；变量 a 未定义，视为变体

声明 2：隐式声明，即直接赋值。

例：a%=123

相当于两行代码：

```
Dim a As Integer
a=123
```

声明 3：用 Def Type 语句定义多个变量。

Type 为类型缩写，一般三个字母，常用类型及其缩写如表 1-4-3 所示。

表 1-4-3　常用类型及其缩写

常见类型	缩写
Integer	Int
Long	Lng
Single	Sng
Double	Dbl
String	Str
Boolean	Bool
Byte	Byte
Date	Date
Currency	Cur
Object	Obj
Variant	Var

例：DefInt a　　　　表示 a 开头的所有变量都为整型

　　DefInt a-c　　　表示 a、b、c 开头的所有变量都为整型

（2）定义字符串变量。

字符串变量与其他变量有所不同，可以分为变长字符串的声明和定长字符串的声明两种。在一般情况下，我们在程序设计中都是声明为变长字符串，即字符串变量的长度取决于实际给该变量的赋值。

```
Dim str1 As String        '变长字符串，长度取决于给 str1 的赋值
Dim str2 As String*10   '定长字符串，长度为 10 个字符
例：
Dim Name As String*6   '定义 Name 为长度为 6 的定长字符串
Name="Garfield"             '给 Name 赋值
Print Name                    '在窗体上显示 Name 值，为 Garfie（超过部分被截去）
Name="Tom"                '给 Name 赋新值，而旧的值被覆盖
Print Name; "is a cat."
```

【解析】这里分号（；）表示紧接着输出；而带双引号的部分会原样输出，Name 的值不足 6 个字符会被补上 3 个空格，所以最终的输出结果为：Tom is a cat.

4. 变量的赋值

一般格式：［LET］变量名 = 表达式

方括号表示可选项；同一个变量可以进行多次赋值，重新赋值后，新的值取代旧的值。

例 1：将变量 $x1$ 和 $x2$ 声明为单精度变量

```
Dim x1 As Single,x2 As Single（或者 Dim x1!,x2!）
```

例 2：将变量 FName 声明为字符串型，将变量 Cost 声明为双精度型

```
Dim FName As String,cost As Double（或者 Dim FName$,cost#）
```

5. 算术表达式

在算术表达式中，要遵循以下规则：

①算术运算符要按照优先级运算，同级则从左到右运算。

②算术表达式中有括号的优先；括号只能用圆括号，要成对出现，可以嵌套。

③算术表达式中所有内容并排写在同一行，不能有上、下标；如将 $x1+x2$ 写成 Visual Basic 表达式为 x1+x2。

④代数中省略的乘号在算术表达式中要补上（*）；如将 2xy 写成 Visual Basic 表达式为 $2*x*y$。

⑤在代数式中，Visual Basic 不能识别的 π、α、β 等符号，必须改用 Visual Basic 能够识别的其他符号。

6. 字符表达式

用字符串运算符和圆括号将字符串常量、变量、函数连接起来的有意义的式子称为字符表达式，字符表达式运算的结果为字符串。要给字符串加上 ""，否则视为变量。

7. 关系表达式

用关系运算符和圆括号将两个相同类型的表达式连接起来的有意义的式子称为关系表达式，简称关系式。关系表达式的值为布尔型，结果为 True 或者 False。

8. 逻辑表达式

用逻辑运算符来连接两个或多个关系式，组成一个逻辑表达式，其结果是一个逻辑值，True 或 False。逻辑运算符 And 和 Or 为双目运算符，Not 为单目运算符，逻辑运算符的优先级为：Not 优先，And 高于 Or。

如果一个 Visual Basic 表达式中同时包含函数、逻辑运算符、关系运算符和算术运算符，则它们的运算顺序为：函数运算 > 算术运算 > 关系运算 > 逻辑运算。

在 Visual Basic 编程过程中，如何根据表达式的描述写出正确的 Visual Basic 表达式是重点，其中最重要的几个概念有奇数、偶数、约数、因数、因子、整除和倍数。

整数中不能被 2 整除的整数叫奇数，也叫单数；整数中，能够被 2 整除的数叫偶数，

也叫双数。约数又叫因数（因子），整数 *a* 除以整数 *b* 除得的商正好是整数而没有余数，我们就说 *a* 能被 *b* 整除，或 *b* 能整除 *a*，*a* 称为 *b* 的倍数，*b* 称为 *a* 的约数。下面举例说明程序设计过程中常见的 Visual Basic 表达式：

①表示数 *a* 是偶数，用 Visual Basic 表达式表示为：a Mod 2=0

②表示数 *a* 是奇数，用 Visual Basic 表达式表示为：a Mod 2<>0 或者 a Mod 2=1

③取一个三位正整数 *x* 的个、十、百位，用 Visual Basic 表达式表示为：个位：x Mod 10；十位：x \ 10 Mod 10；百位：x \ 100

④表示 *x* 是 *a* 的倍数，用 Visual Basic 表达式表示为：x Mod a=0

⑤表示 *x* 是 *a* 和 *b* 的倍数，用 Visual Basic 表达式表示为：x Mod a=0 And x Mod b=0

⑥*x* 能被 *a* 和 *b* 整除，用 Visual Basic 表达式表示为：x Mod a And x Mod b=0（*a* 和 *b* 是除数，*x* 是被除数）

⑦*a* 能整除 *b*，用 Visual Basic 表达式表示为：b Mod a=0（*a* 是除数，*b* 是被除数）

【案例 1】　编写一个 Visual Basic 程序，待程序运行后，单击"交换"按钮，使文本框 Text1 中的文本与文本框 Text2 中的文本进行交换，效果如图 1-4-1 和图 1-4-2 所示。

【解析】　交换文本框 Text1 与 Text2 中的内容，可以借助一个临时变量 *t*。

图 1-4-1　交换前

图 1-4-2　交换后

编写如下事件过程：

```
Private Sub Command1_Click()
    Dim t As String                    '声明临时变量 t
```

```
    t=Text1.Text                    '交换代码
    Text1.Text=Text2.Text
    Text2.Text=t
End Sub
```

【案例 2】编写一个 Visual Basic 程序，程序运行后，在文本框 Text1 中输入圆的半径，单击"计算"按钮计算圆的周长和面积，并将结果显示在对应的文本框中，效果如图 1-4-3 所示。

【解析】首先声明变量 r 表示圆的半径，由于圆的周长公式 $c=2\pi r$，面积公式 $s=\pi r^2$，因此可声明字符常量 pi（替换公式中的 π）并进行赋值，pi 可取固定值 3.14。

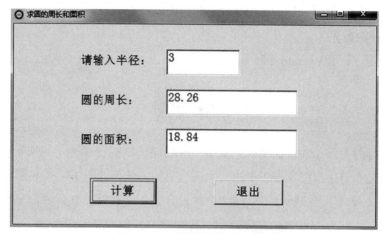

图 1-4-3　求圆的周长和面积

编写如下事件过程：

```
Private Sub Command1_Click()
    Dim r#,c#,s#'声明变量 r, c, s 分别表示半径、周长和面积
    Const pi As Double=3.14'将 pi 声明为双精度浮点常量
    r=Val(Text1.Text)'Val()函数将文本转换为数值
    c=2*pi*r'求圆的周长
    s=pi*r*r'求圆的面积
    Text2.Text=c
    Text3.Text=s
End Sub
Private Sub Command2_Click()
    End
End Sub
```

知识测评

一、单选题

1. 以下合法的 Visual Basic 变量名是（　　）。

A．For_Loop 　　　　　　　　B．Const

C．9a 　　　　　　　　　　　　D．a-x

2. 以下声明语句中正确且符合声明规范的是（　　）。

A．Const var1%=34000 　　　　B．Const a，b As Integer=1

C．Const pi#=3.1415926 　　　　D．Const s As Integer="well"

3. Visual Basic 认为下面（　　）组变量是同一个变量。

A．Aver 和 Average 　　　　　B．Sum 和 Summer

C．Abc1 和 ABC1 　　　　　　D．A1 和 A_1

4. 要声明一个长度为 10 个字符的定长字符串 s，以下（　　）是正确的。

A．Dim s as String 　　　　　　B．Dim s as String10

C．Dim s as String［10］ 　　　　D．Dim s as String*10

5. 符号！是声明（　　）类型变量的类型定义符。

A．Integer 　　　　　　　　　　B．Variant

C．Single 　　　　　　　　　　　D．String

二、填空题

1. 当 X=-10，$Y=6$，表达式 $X > 0\ \text{Or}\ Y < =0$ 的逻辑值为_____；$\text{Not}(X > Y)$ 的逻辑值为_____。

2. 关系式 $-3 \leqslant X \leqslant 3$ 对应的逻辑表达式是_____。

3. 表示 x 是 3 的倍数，且个位数为 3 的逻辑表达式是_____。

4. n 是小于 10 的非负数，对应的逻辑表达式是_____。

5. 表示条件"变量 n 为能被 5 整除的偶数"的逻辑表达式是_____。

三、简答题

1. 变量名的命名规则有哪些？

2. 如果一个 Visual Basic 表达式中同时包含函数、逻辑运算符、关系运算符和算术运算符，那么它们的运算顺序是什么？

四、实操题

1. 输入以下程序段，分析运行结果。

```
Private Sub Command1_Click（）
    Dim a%,b%
```

```
    Dim c,d As String
    a=23: b=35: c="CHINA": d="ShangHai"
    Print a; b; a * (a - b); a * (b - a)
    Print a\10 Mod 5; b\10 Mod 5
    Print (a - b) < (a + b)
    Print c & d
End Sub
```

2. 设计一个 Visual Basic 程序，在文本框 Text1 中输入秒数，单击"换算"按钮，将输入的秒数换算成对应的时、分、秒并将结果显示在文本框 Text2，Text3 和 Text4 中，效果如图 1-4-4 所示。

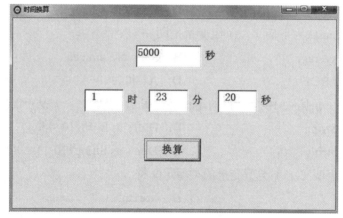

图 1-4-4　时间换算

1.5　Visual Basic 常用内部函数的应用

学习目标

- 理解并掌握常用内部函数中数学函数的功能和使用方法。
- 理解并掌握常用内部函数中字符串函数的功能和使用方法。
- 理解并掌握常用内部函数中日期与时间函数的功能和使用方法。
- 理解并掌握常用内部函数中转换函数的功能和使用方法。
- 理解并掌握常用内部函数中随机函数的功能和使用方法。
- 理解并掌握常用内部函数中格式输出函数的功能和使用方法。
- 拥有程序化思维和对信息化的感悟能力。

内容梳理

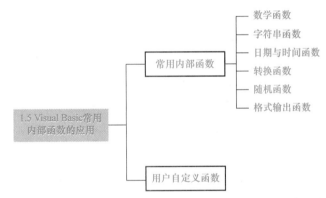

知识概要

函数是一些特殊的语句或程序段；每种函数都可以进行一种具体的运算。

Visual Basic 中的函数分两大类：标准函数和用户自定义函数。标准函数是指由 Visual Basic 语言直接提供的函数，也叫内部函数。在包含有函数的表达式中进行运算时，系统将优先进行函数调用。函数的调用往往包含在表达式中，不能作为一条独立的语句使用。

Visual Basic 中常用的内部函数大体上分为五大类：数学函数、字符串函数、日期与时间函数、转换函数和随机函数，除了以上五大类外，还有经常用到的其他函数，如格式输出函数。

应知应会

1. 数学函数

Visual Basic 中常用的数学函数有 12 种，如表 1-5-1 所示。

表 1-5-1　Visual Basic 中常用的数学函数

函数名称	功能描述	例子	结果
Abs（x）	求 x 的绝对值	Abs（-3.6）	3.6
Sgn（x）	判断 x 的符号，当 x>0 时，结果为 1，当 x=0 时，结果为 0，当 x<0 时，结果为 -1	Sgn（3）	1
		Sgn（0）	0
		Sgn（-3）	-1
Sqr（x）	求 x 的平方根	Sqr（4）	2
Exp（x）	求 e（自然对数的底）的幂值	Exp（1）	2.71828182
Log（x）	求 x 的自然对数值	Log（x）/Log（10）	Log10x
Sin（x）	求 x 的正弦值，其中"x"是弧度数	Sin（60*3.14/180）	0.8657598…
Cos（x）	求 x 的余弦值，其中"x"是弧度数	Cos（60*3.14/180）	0.5004596…
Tan（x）	求 x 的正切值，其中"x"是弧度数	Tan（60*3.14/180）	1.7299292…
Atn（x）	求 x 的反正切值，其中"x"是弧度数	Atn（0）	0
Int（x）	取不大于 x 的最大整数	Int（9.8）	9
		Int（-9.8）	-10
Fix（x）	取 x 的整数部分	Fix（9.8）	9
		Fix（-9.8）	-9
Round（x，n）	四舍五入，保留 n 位小数	Round（3.14，1）	3.1

（1）绝对值函数 Abs（x）。

其功能是求 x 的绝对值，对应代数式 $|x|$；其中"x"为代数表达式，其值为数值型。

例：Abs（-2）=2

　　Abs（5）=5

（2）符号函数 Sgn（x）。

其功能是判断 x 的符号，其中"x"为数值表达式，其值为整型（Integer）。

$$Sgn(x) = \begin{cases} 1 & x>0 \\ 0 & x=0 \\ -1 & x<0 \end{cases}$$

例：Sgn（25）=1　　　　　　Sgn（0）=0　　　　　　Sgn（-25）=-1

（3）平方根函数 Sqr（x）。

其功能是求 x 的平方根值，对应代数式 $\sqrt{x}$；其中 "x" 为大于 0 的数值表达式，其值为 Double 型。

例：Sqr（81）=9

　　Sqr（64/4）=4

注意：Sqr 的自变量不能是负数。

（4）指数函数 Exp（x）。

其功能是求自然常数 e 的幂，对应代数式 e^x；其值为 Double 型。

例：Exp（2）=7.38905609893005

　　Exp（0）=1

（5）自然数的对数函数 Log（x）。

其功能是求自然数的对数，对应代数式 $\ln x$；Exp 和 Log 互为反函数。

例：Log（2）=0.69314……

Log（1）=0

（6）正弦函数 Sin（x）。

其功能是求 x 的正弦函数值，对应代数式 $\sin x$，其值为 Double 型，取值范围是 −1 ～ 1。三角函数的自变量单位是弧度，如 sin32° 应写成 Sin（32*3.14159 / 180）。

例：Sin（0）=0

　　Sin（3.14159/2）=0.99999999

注意：三角函数的 Visual Basic 表达式参数要加括号。

（7）余弦函数 Cos（x）。

其功能是求 x 的余弦函数值，对应代数式 $\cos x$，其值为 Double 型，取值范围是 −1 ～ 1。

例：Cos（0）=1

　　Cos（3.14159）=−0.99999999

（8）正切函数 Tan（x）。

其功能是求 x 的正切函数值，对应代数式 $\tan x$，其值为 Double 型。

例：Tan（0）=0

（9）反正切函数 Atn（x）。

其功能是求 x 的反正切函数值，对应代数式 $\arctan x$，其值为 Double 型。

（10）取整函数 Int（x）。

其功能是求小于等于 x 的最大整数。

例：Int（2.6）=2

　　Int（−2.6）=−3

注意：如果 x 是负数，小数部分再小也要进位；如果 x 是正数，小数部分再大也不能进位。利用 Int 函数可以对数据进行四舍五入处理。

例：

```
Int (x + 0.5)                    '对 x 四舍五入，只保留整数部分
Int (x*10+0.5)/10                '对 x 四舍五入，保留一位小数点
Int (x*100+0.5)/100              '对 x 四舍五入，保留两位小数点
Int (x*1000+0.5)/1000            '对 x 四舍五入，保留三位小数点
Int (x)=x                        '表示 x 是整数
Int (x/2)=x/2                    '表示 x 为偶数
```

（11）截取函数 Fix (x)。

其功能是直接截取 x 的整数部分，去掉小数部分。

例：Fix（2.6）=2

　　Fix（-2.6）=-2

Int 和 Fix 的区别是：若 x<0，则 Int 得到的是小于或等于 x 的第一个负整数，而 Fix 得到的则是大于或等于 x 的第一个负整数；若 x≥0，则两者的值相同。

例：Int（-6.53）=-7

　　Fix（-6.53）=-6

（12）四舍五入函数 Round (x, n)。

其功能是对 x 进行四舍五入，保留 n 位小数，如果没有小数位，则保留整数。

例：Round（3.14159,3）=3.142

2. 字符串函数

Visual Basic 中常用的字符串函数有 13 种，如表 1-5-2 所示。

表 1-5-2　Visual Basic 中常用的字符串函数

函数	功能描述	例子	结果
Len（s）	求字符串长度	Len（"VB 程序设计 "）	6
Lcase（s）	转换成小写	Lcase（"Abab"）	"abab"
Ucase（s）	转换成大写	Ucase（"Abab"）	"ABCD"
Mid（s, m, n）	从第 m 个开始取 n 个字符	Mid（"ABCDE", 2, 3）	"BCD"
Left（s, n）	取字符串左边的 n 个字符	Left（"ABCDE", 3）	"ABC"
Right（s, n）	取字符串右边的 n 个字符	Right（"ABCDE", 3）	"CDE"
Ltrim（s）	去掉字符串左边的空格	Ltrim（"AB"）	"AB"
Rtrim（s）	去掉字符串右边的空格	Rtrim（"AB"）	" AB"
Trim（s）	去掉字符串左、右两边的空格	Trim（" AB"）	"AB"
String（n, 字符 |ASCII）	生成 n 个字符或者 ASCII 码对应的字符串	String（4, "*"）	"****"
Space（n）	生成 n 个空格的字符串	Space（4）	" "

续表

函数	功能描述	例子	结果
Instr（[f,] s1,s2 [,k]）	在 s1 中从 f 开始找 s2，省略 f，则表示从头开始找，若找到，则值为 s2 的第一个字母在 s1 中首次出现的位置；若找不到，则值为 0。k 用于查找时是否区分大小写。若 k 省略，则区分大小写；若 k 为 1，则不区分大小写	Instr ("ABabc", "ab")	3
StrReverse（s）	StrReverse（s）中的参数 s 是一个字符串，它的字符顺序要反向	StrReverse ("abc")	"cba"

（1）Len（s）。

其功能是求字符串 s 的长度，如 Len ("Visual Basic") =12（包括中间的空格）。

（2）Lcase（s）。

其功能是返回以小写字母组成的字符串，如 Lcase ("Visual Basic") ="visual basic"。

（3）Ucase（s）。

其功能是返回以大写字母组成的字符串，如 Lcase ("Visual Basic") ="VISUAL BASIC"。

（4）Mid（s，m，n）。

其功能是返回字符串 s 从第 m 个字符起的 n 个字符所组成的字符串，如 Mid ("Visual", 3，2) ="su"。

例：已知字符串 id 表示身份证号码，用 Print 语句表示 "yyyy 年出生"

```
Print Mid(id,7,4); "年出生"
```

（5）Left（s，n）。

其功能是返回字符串 s 前 n 个字符所组成的字符串，如 Left ("Visual", 3) ="Vis"。

（6）Right（s，n）。

其功能是返回字符串 s 后 n 个字符所组成的字符串，如 Right ("Visual", 3) ="ual"。

（7）Ltrim（s）。

其功能是返回删除字符串 s 前导空格后的字符串，如 Ltrim (" Visual") ="Visual"。

（8）Rtrim（s）。

其功能是返回删除字符串 s 尾随空格后的字符串，如 Rtrim ("Visual ") ="Visual"。

（9）Trim（s）。

其功能是返回删除字符串 s 前导和尾随空格后的字符串，如 Trim (" Visual ") ="Visual"。

（10）String（n，字符 |ASCII）。

其功能是返回 n 个由一个字符或者 ASCII 码对应的字符组成的字符串，当第二个变量为字符串时，返回 n 个该字符串的第一个字符。

函数格式：

```
String (n,ASCII 码)
```

String（n，字符串）

例：Print String（3,65）输出结果为 "AAA"

Print String（5,97）输出结果为 "aaaaa"

Print String（5,"Alice"）输出结果为 "AAAAA"

（11）Space（n）。

其功能是返回 n 个由空格组成的字符串。

例：Print "Hello"+Space$（3）+"Hello" 的输出结果为 Hello   Hello

（12）InStr（[f,] s1，s2 [，k]）。

其功能是返回字符串 s2 在字符串 s1 中首次出现的位置，为字符串查找函数，f 是每次搜索的起点。如果 s2 不是 s1 的子串，则返回值为 0。k 为可选参数，表示比较方式。若 k 省略（默认），则表示区分大小写；若 k 为 1，则不区分大小写。

例：Print InStr（"Visual","b" ）输出结果为 0

Print InStr（"Visual","su"）输出结果为 3

Print InStr（3,"A12a34A56","A"）输出结果为 7

Print InStr（3,"A12a34A56","A",1）输出结果为 4

（13）StrReverse（s）。

其功能是返回一个字符串，在该字符串中，指定字符串的字符顺序将被反向。典型的例子是用 StrReverse 函数生成回文数（反向排列与原来一样的数，如 12321）。

例：StrReverse（"123"）="321"

注意，这里的返回值为字符串。

3. 日期与时间函数

Visual Basic 中常见的日期与时间函数如表 1-5-3 所示。

表 1-5-3 Visual Basic 中常见的日期与时间函数

函数	功能描述	例子	结果
Date	返回系统日期	Date	示例：3/10/2023
Time	返回系统时间	Time	示例：8：03：28
Now	返回系统日期和时间	Now	示例： 3/10/2023 8：03：28
Hour（t）	返回小时数	Hour（#8：3：28 AM#）	8
Minute（t）	返回分钟数	Minute（#8：3：28 AM#）	3
Second（t）	返回秒数	Second（#8：3：28 AM#）	28
Weekday（d）	返回星期代号	Weekday（#12/10/2022#）	7 即星期六
Day（d）	返回日数	Day（#12/10/2022#）	10
Month（d）	返回月份数	Month（#12/10/2022#）	12
Year（d）	返回年份数	Year（#12/10/2022#）	2022

（1）日期函数 Date。

其功能是返回当前系统日期，如 Print Date 表示打印当前日期，而当前日期跟 Windows 系统日期有关。

（2）时间函数 Time。

其功能是返回当前系统时间，如 Print Time 表示打印当前时间。当前时间和 Window 系统时间有关。

（3）日期时间函数 Now。

其功能是返回系统日期和时间，相当于 Date 加上 Time 的功能。

（4）时间函数 Hour（t）。

其功能是返回当前时间 t 的小时数，如 Print Hour（#8：03：38 AM#）返回值为 8。

（5）时间函数 Minute（t）。

其功能是返回当前时间 t 的分钟数，如 Print Minute（#8：03：38 AM#）返回值为 3。

（6）时间函数 Second（t）。

其功能是返回当前时间 t 的秒数，如 Print Second（#8：03：38 AM#）返回值为 38。

（7）星期函数 Weekday（d）。

其功能是返回日期 d 对应的星期，（星期日 =1，星期一 =2，星期二 =3，以此类推）。

（8）日期函数 Day（d）。

其功能是返回日期 d 的天数，如 Day（#12/20/2022#）返回值为 20。

（9）日期函数 Month（d）。

其功能是返回日期 d 的月份数，如 Month（#12/20/2022#）返回值为 12。

（10）日期函数 Year（d）。

其功能是返回日期 d 的年份数，如 Year（#6/20/2021#）返回值为 2021。

4. 转换函数

转换函数用于数据类型的转换，常用的转换函数如表 1-5-4 所示。

表 1-5-4　常用的转换函数

函数	功能描述	例子	结果
Asc（s）	返回字符串 s 中首字符的 ASCII 码值	Asc（"BD"）	66
Chr（x）	将 ASCII 码值 x 转换为字符	Chr（66）	"B"
Val（s）	将字符串 s 中的数字转换为数值	2+Val（"15"）	17
Str（x）	将数值转换为字符串，非负数值保留符号位	Str（3）	" 3"
CStr（x）	将数值转换为字符串，非负数值不保留符号位	Cstr（3）	"3"
Hex（x）	将十进制数 x 转换为对应的十六进制数	Hex（10）	A
Oct（x）	将十进制数 x 转换为对应的八进制数	Oct（10）	12

（1）Asc（s）。

其功能是求字符串 s 的第一个字符的 ASCII 码值。

例：Asc（"Alice"）=65

（2）Chr（x）。

其功能是求 ASCII 码值为 x 的字符，其中 x 的取值范围为 0 ～ 255。

例：Chr（65）="A"

说明：Asc 和 Chr 互为反函数。

（3）Val（s）。

其功能是把字符串 s 的中的数字转为数值。直到遇到第一个不可识别的字符。

例：Val（"123"）=123　　Val（"123abc"）=123

（4）Str（x）。

其功能是将数值 x 转换为字符串。非负数保留符号位。

例：Str（2）="2"　　　　Len（Str（2））=2

（5）CStr（x）。

其功能是将数值 x 转换为字符串。非负数不保留符号位。

例：CStr（2）="2"　　Len（CStr（2））=1

说明：使用 Str 和 CStr 两个函数转换同一个正整数时，转换后的字符串长度相差 1。

（6）Hex（x）。

其功能是将十进制数转换为十六进制数。

例：Hex（10）=A

（7）Oct（x）。

其功能是将十进制数转换为八进制数。

例：Oct（10）=12

5. 随机函数 Rnd［（x）］

其功能是产生一个大于等于 0 但小于 1 的随机数。

其中：参数 x 是可选的 Single 型数据。函数值的类型也是 Single 型的随机数值。随着 x 取值的不同，函数值存在以下几种情况：

①当 x<0 时，则每次都使用 x 作为随机种子得到相同的随机数。

②当 x>0 时，则产生随机序列中的下一个随机数。

③当 x=0 时，则产生最近生成的随机数。

④当省略 x 时，则产生随机序列中的下一个随机数。

当反复运行一个程序时，总是产生同一序列的随机数。为了避免这种情况，在调用 Rnd 函数之前，先使用 Randomize 语句来初始化随机数生成器，使该生成器以系统时间作为随机种子，这样每次运行程序就会得到不同的随机数。Randomize 语句的格式如下：

```
Randomize
```

Rnd 函数通常与 Int 函数配合使用。例如 Int（Rnd*4+1）可以产生［1,4］内的随机整数，也就是说，该表达式的值可以是 1,2,3 或 4，程序运行时随机生成。

要生成［下界，上界］范围内的随机整数，可以使用公式：

Int（Rnd *（上界 – 下界 + 1）+ 下界）

例：产生［10，90］内随机整数的表达式为：Int（Rnd*81+10）。

6. 格式输出函数

为满足 Print 语句的输出格式需要，Visual Basic 提供了几个输出格式函数。

（1）Spc（n）函数。

其功能为在输出项之间输出 n 个空格，如 Print "A"; spc（2）; "B" 输出结果为 A　　B。注意：要和 Space（n）功能区分开。

（2）Tab（n）函数。

其功能是与 Print 方法一起使用，对输出进行定位，其中参数 n 是指从窗体头数第 n 列，如 Print Tab（2）; "A" 表示在第 2 列开始打印字符串 "A"。

（3）Format（表达式［，格式字符串］）函数。

其功能是使数值、日期或字符串按指定的格式输出。该函数通常用在 Print 语句中。表达式为要格式化的数值、日期或字符串类型表达式。格式字符串表示按其指定的格式输出表达式的值。格式字符串有三类：数值格式、日期格式和字符串格式。使用格式字符串时要加引号。下面重点介绍数值和日期格式参数。

① "#" 表示一个数字位，# 的个数决定了显示的长度。如果要显示的数值的位数小于格式字符串指定的长度，则该数值靠左端显示，多余的位不补 0。如果要显示的数值的位数大于指定的长度，则数值照原样显示。

例：Print Format$（12345,"########"）输出结果为 12345

　　Print Format$（12345,"####"）输出结果为 12345

② "0" 与 "#" 功能相同，只是用来补齐多余的位。

例：Print Format$（12345,"00000000"）输出结果为 00012345

　　Print Format$（12345,"0000"）输出结果为 12345

③ "." 用来显示小数点。小数点与 # 或 0 结合使用，可以放在显示字符串的任何位置。根据格式字符串的位置，小数部分多余的数字四舍五入。

例：Print Format$（123.456,"##.####"）输出结果为 123.456

　　Print Format$（123.456,"###.##"）输出结果为 123.46

　　Print Format$（123.456,"00.0000"）输出结果为 123.4560

　　Print Format$（123.456,"000.00"）输出结果为 123.46

④ "," 在格式字符串中起到 "分位" 的作用，即从小数点左边一位开始，每三位用一个逗号分开，可以放在小数点左边的任何位置（不要放在头部，也不要紧靠小数点）。

例：Print Format$（12345.67,"##,##.#"）输出结果为 12,345.7

Print Format$（12345.67,"###,#.#"）输出结果为 12,345.7

⑤ "%" 通常放在格式字符串的尾部，用来输出百分号。

例：Print Format$（123.456,"0%"）输出结果为 12346%

⑥ "$" 通常作为格式字符串的起始字符，在所显示的数值前加上 "$"。

例：Print Format$（123.456,"$00.####"）输出结果为 $123.456

⑦ "+" 表示显示正数时前面加上符号，"+" 通常放在格式字符串的头部。

例：Print Format$（123.456,"+00.####"）输出结果为 +123.456

　　　Print Format$（-123.456,"+00.####"）输出结果为 -+123.456

⑧ "-" 用来显示负数。

例：Print Format$（123.456,"-00.####"）输出结果为 -123.456

　　　Print Format$（-123.456,"-00.####"）输出结果为 -123.456

⑨ "E+" 和 "E-" 表示用指数形式显示数值，两者的作用相同。

例：Print Format$（1234.56,"0.00E+00"）输出结果为 1.23E+03

　　　Print Format$（1234.56,"0.00E-00"）输出结果为 1.23E+03

　　　Print Format$（0.0123456,"0.00E+00"）输出结果为 1.23E-02

　　　Print Format$（0.0123456,"0.00E-00"））输出结果为 1.23E-02

日期和时间格式符是将表达式的值按"格式字符串"指定的日期或时间格式输出，从而对日期和时间格式化。日期和时间格式符如表 1-5-5 所示。

表 1-5-5　日期和时间格式符

格式符	功能
d	显示日期（1 ~ 31），个位前不加 0
ddd/dddd	显示星期缩写（Sun ~ Sat）或全名（Sunday ~ Saturday）
dddddd	显示完整长日期（yyyy 年 m 月 d 日）
m	显示月份（1 ~ 12），个位前不加 0
mmm/mmmm	显示月份缩写（Jan ~ Dec）或全名（January ~ December）
y/yyy	显示一年中的天（1 ~ 366）或四位数的年份（0100 ~ 9999）
h	显示小时（0 ~ 23），个位前不加 0
m	在 h 后显示分（0 ~ 59），个位前不加 0
s	显示秒（0 ~ 59），个位前不加 0
hh: mm: ss	显示完整时间（小时、分和秒）

例：以格式化方式输出当前时间和日期，假设当前日期为 #1/24/2023#，当前时间为 #11: 50: 00#

Print Format（Date,"yyyy-mm-dd"）输出结果为 2023-01-24

Print Format（Date,"yyyy/mm/dd"）输出结果为 2023/01/24

Print Format(Date,"yyyy/m/d")输出结果为 2023/1/24

Print Format(Date,"dddddd")输出结果为长日期 2023 年 1 月 24 日

Print Format(Now,"hh：mm：ss")输出结果为 11：50：00

Print Format(Now,"hh：m：s AM/PM")输出结果为 11：50：0 AM

Print Format(Now,"yyyy-mm-dd hh：mm：ss")输出结果为 2023-01-24 11：50：00

Print Format(Now,"yyyy-mm-dd ddd hh：m：s AM/PM")输出结果为 2023-01-24 Tue 11：50：0 AM

Print Format(Now,"dddd")输出结果为 Tuesday

典型案例

【案例 1】设计一个 Visual Basic 程序，待程序运行后，在文本框中输入一个数，单击相应的函数计算按钮计算结果，并将结果显示在标签中。程序运行结果如图 1-5-1 和图 1-5-2 所示。

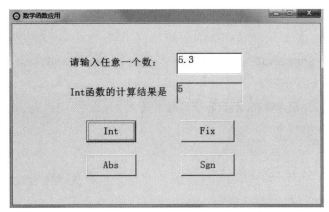

图 1-5-1　单击"Int"按钮计算结果

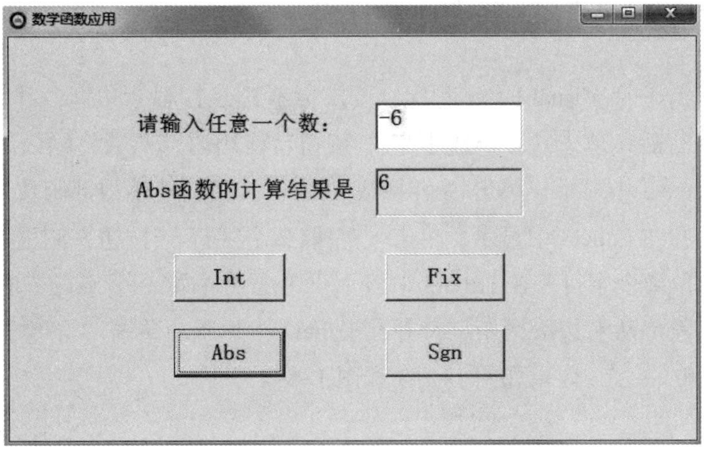

图 1-5-2　单击"Abs"按钮计算结果

【解析】本题主要考查用 Abs（x）求 x 的绝对值、Int（x）对 x 取整、Fix（x）对 x 截取整数部分、Sgn(x) 求 x 的符号。根据题目要求，文本框中输入的数可以使用变量 x 表示，由于在不同的事件过程中均需要使用 x，因此可以将 x 声明为模块变量，其作用域是整个窗体层；然后根据按钮上的不同函数求取结果，并将结果显示在标签中。

编写如下事件过程：

```
Dim x As Double                         '模块变量，作用于整个窗体
Private Sub Command2_Click()            '取整函数 Int
  x=Val(Text1.Text)
  Label2.Caption="Int 函数的计算结果是 "
  Label3.Caption=Int(x)
End Sub
Private Sub Command1_Click()            '绝对值函数 Abs
  x=Val(Text1.Text)
  Label2.Caption="Abs 函数的计算结果是 "
  Label3.Caption=Abs(x)
End Sub
Private Sub Command3_Click()            '截取函数 Fix
  x=Val(Text1.Text)
  Label2.Caption="Fix 函数的计算结果是 "
  Label3.Caption=Fix(x)
End Sub
Private Sub Command4_Click()            '符号函数 Sgn
  x=Val(Text1.Text)
  Label2.Caption="Sgn 函数的计算结果是 "
  Label3.Caption=Sgn(x)
End Sub
```

【案例2】设计一个 Visual Basic 程序，要求标签 Label3 显示边框，其中的文字居中对齐显示。程序运行后，单击"转换成小写"按钮，使用内部函数将输入的字符串转换成小写形式并在 Label3 中显示；单击"转换成大写"按钮，使用内部函数将输入的字符串转换成大写形式并在 Label3 中显示；单击"左取2个字符"按钮，使用内部函数将输入的字符串从左边取两个字符并在 Label3 中显示；单击"右取2个字符"按钮，使用内部函数将输入的字符串从右边取两个字符并在 Label3 中显示；单击"清空"按钮，清除文本框和 Label3 中的文字，效果如图 1-5-3 和图 1-5-4 所示。

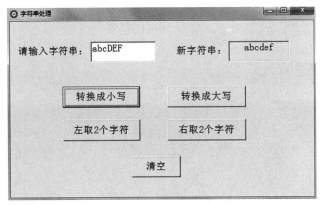

图 1-5-3 转换成小写

图 1-5-4 左取 2 个字符

【解析】本题主要考查转换小写函数 Lcase（s）、转换大写函数 Ucase（s）、从左边取 n 个字符函数 Left（s，n），从右边取 n 个字符函数 Right（s，n）。

编写如下事件过程：

```
Private Sub Command1_Click()        '转换成小写
    Label3.Caption=LCase(Text1)
End Sub
Private Sub Command2_Click()        '转换成大写
    Label3.Caption=UCase(Text1)
End Sub
Private Sub Command3_Click()        '左取 2 个字符
    Label3.Caption=Left(Text1,2)
End Sub
Private Sub Command4_Click()        '右取 2 个字符
    Label3.Caption=Right(Text1,2)
End Sub
```

```
Private Sub Command5_Click()          '清空
  Text1=""
  Label3.Caption=""
End Sub
```

知识测评

一、单选题

1. 表达式 Int（-16. 7）+Sgn（10. 6）的值是（   ）。

A. 18   B. -17

C. -18   D. -16

2. 表达式 Left（"Visual Basic"，3）的值是（   ）。

A. Vis   B. vis

C. sic   D. SIC

3. 表达式 Right（"XiaMen"，4）的值是（   ）。

A. xiam   B. Xiam

C. aMen   D. amen

4. 表达式 Abs（-6）+Len（"jineng"）的值是（   ）。

A. 6jineng   B. 0 6jineng

C. 10   D. 12

5. 表达式 Mid（"ChengXuSheJi"，6，3）的值是（   ）。

A. ChengX   B. XuS

C. eJi   D. xus

6. 表达式 Len（Str（Val（"123. 4"）））的值为（   ）。

A. 11   B. 5

C. 6   D. 8

7. 表达式 Day（#12/11/22#）的值是（   ）。

A. 11   B. 12

C. 22   D. 2022

8. 下列表达式中能产生任意一个随机三位正整数的是（   ）。

A. Int（Rnd*899+100）   B. Int（Rnd（）*900+100）

C. Int（Rnd*100+900）   D. Int（Rnd*1000）

9. 要把 ASCII 码转换为对应的字符，应该使用以下哪个函数？（   ）

A. Oct（）   B. Asc（）

C. Chr（）   D. Hex（）

10. 表达式 Format（3.1415，"0.00"）的值是（　　）。

A. 3.141500　　　　　　　　　　B. 03.14

C. 3.14　　　　　　　　　　　　D. 3.1415

二、填空题

1. 已知 s 为用户输入的用户英文名，写出自动更正为首字母大写，其余字母小写的表达式：_____。

2. 已知小明同学的出生日期为 d（日期型），请写出计算他今年岁数的表达式：_____。

3. 请写出随机产生两位正整数的表达式：_____。

4. 请写出产生［-10，10］内的随机整数的表达式：_____。

5. 请写出满足如下条件的 Visual Basic 表达式：求长度为 3 的字符串 s 的倒序。（如：将"xyz"变为"zyx"）_____。

三、简答题

1. Visual Basic 中常用的内部函数有哪些？

2. Visual Basic 中常用的转换函数有哪些？

四、实操题

设计一个 Visual Basic 程序，单击"随机验证码"按钮，在标签 Label2、Label3、Label4、Label5 中依次显示一个随机大写字母、一个［0，9］内的随机数字、一个随机小写字母、一个［0，9］内的随机数字，四个字符组成一个随机验证码，并将验证码显示在 Label1 标签中，效果如图 1-5-5 所示。

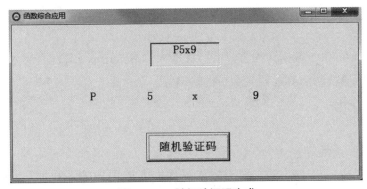

图 1-5-5　随机验证码生成

1.6 Visual Basic 数据输入与输出

学习目标

● 理解并掌握 Print 方法的应用。

● 理解 Visual Basic 中 InputBox（）函数的用法。

● 理解 Visual Basic 中 MsgBox（）函数和 MsgBox 语句的用法和区别。

● 熟练掌握 InputBox（）函数的实践应用。

● 熟练掌握 MsgBox（）函数和 MsgBox 语句的实践应用。

● 实现程序化思维和拥有对信息化的感悟能力。

内容梳理

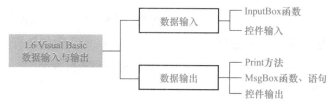

知识概要

在 Visual Basic 中，数据输入方式有控件输入和 InputBox 函数两种，数据输出方式有 Print、MsgBox 函数、MsgBox 语句和控件输出等。

应知应会

1. InputBox 函数

其功能是产生一个对话框，作为输入界面，等待用户输入数据，并返回所输入的内容。

一般格式：

```
InputBox（Prompt［,Title］［,Default］［,Xpos］［,Ypos］［,Helpfile,
context］）
```

主要参数说明：

① Prompt：是一个字符串，表示指定对话框内显示的提示信息，必填项目。

② Title：指定对话框的标题，如果不写，则默认为"工程 1"（当前工程的名称）。

③ Default：指定对话框缺省的输入值，可以为空。

InputBox 函数的默认返回值为字符类型。

例：a=InputBox（"请输入一个数："）

    Print a+a

如果在对话框中输入 2，输出的结果为 22，而不是 4，因为 "a" 的默认类型为字符类型，输入 2 相当于 "2"，因此 "2" + "2" = "22"。

如果想进行数学运算，一般需要将返回值 "a" 转换为数值类型，或者提前声明 "a" 为数值类型。以下两种代码的输出结果就为 4。

例 1：Dim a%

    a=InputBox（"请输入一个数："）

    Print a+a

例 2：a=Val（InputBox（"请输入一个数："））

    Print a+a

2. MsgBox 函数

MsgBox 函数在对话框中显示提示信息，给出相应按钮，等待用户选择，之后返回一个 Integer 类型的值来反馈用户单击了哪个按钮。

一般格式：

MsgBox（Message［,Type］［,Title］［,Helpfile,context］）

主要参数说明：

① Message：一个字符串表达式，作为显示在对话框中提示信息的内容，属于必填项目。如果 Message 的内容超过一行，MsgBox 可以自动换行，也可以在每一行之间用回车符（Chr（13））、换行符（Chr（10））、回车换行符的组合（Chr（13）&Chr（10））或 Visual Basic 符号常量（vbCrLf）将各行分隔开来。

② Type：数值或者符号常量，用来控制对话框内显示按钮的数量及类型，如表 1-6-1 所示。

表 1-6-1　常见的按钮数量及类型

值	Visual Basic 常量	按钮数量及类型		返回值
0	VbOKOnly	1 个	确定	1
1	VbOKCancel	2 个	确定　取消	1 或 2
2	VbAbortRetryIgnore	3 个	中止(A)　重试(R)　忽略(I)	3 或 4 或 5

按钮的数量及类型可以用值 0、1、2 来表示，也可以用 "VbOKOnly" 等来表示。

③ Title：一个字符串，表示指定对话框的标题。

3. MsgBox 语句

一般格式：

```
MsgBox  Message [,Type][,Title][,Helpfile,context]
```

注意：与 MsgBox 函数的不同在于 MsgBox 语句没有括号，其他功能与 MsgBox 函数一样。

4. Print 方法

可在窗体、图片框（Picture）、立即窗口（Debug）、打印机（Printer）输出信息。

一般格式：

```
[对象名称.] Print [表达式列表][,][;]
```

说明：

（1）对象名称可以是窗体（Form）、"立即窗口"（Debug）、图片框（PictureBox）和打印机（Printer）。如果省略对象名称，则表示在当前窗体输出要打印的表达式或者表达式列表。

```
例： Print  "Hello"              ' 在当前窗体输出，缺省对象为当前窗口
     Form1.Print  "Hello"        ' 在 Form1 输出字符串 "Hello"
     Picture1.Print  "Hello"     ' 在图片框 Picture1 中输出字符串 "Hello"
     Debug.Print  "Hello"        ' 在立即窗口中输出字符串 "Hello"
     Printer.Print  "Hello"      ' 在打印机中输出字符串 "Hello"
```

（2）"表达式列表"可以是一个或者多个表达式，可以是数值表达式或者字符串。对于数值表达式，打印出表达式的值，而字符串则原样输出。如果省略 Print 后的"表达式列表"，则打印出一空白行；当输出多个表达式或字符串时，表达式之间用分号（;）或者逗号（,）来分隔。分号表示按紧凑格式输出，逗号表示按分段格式输出；一个空格加一个下划字符（__）是续行符，表示上下两行连成同一行内容。

◆ Print 数值

```
例： Dim a%,b%
     a=2 : b=3
     Print a; b                  ' 按紧凑格式输出 a 和 b
```

◆ Print 字符串

```
例： Print  "Hi"                 ' 输出字符串 "Hi"
     Print " 您好!"              ' 输出字符串 " 您好!"
```

◆ Print 表达式

```
例： Print  4*（3-2）            ' 输出结果是 4
     Print  a + b                ' 输出结果是 5
     Print "abc"&"def"           ' 输出字符串 "abcdef"
```

◆ Print

单独使用 Print，表示输出空行，起到换行的作用。

5. Tab 函数

在 Print 方法中，可以使用定位函数 Tab（n）对输出的表达式进行定位。

一般格式：Tab（n）

例1：Print "Hello"　'没有定位直接从最左端开始显示

　　　Print Tab（1）; "Hello" '定位 1 表示从左端第 1 列的位置开始显示

　　　Print Tab（2）; "Hello" '定位 2 表示从左端第 2 列的位置开始显示

程序运行的输出结果如图 1-6-1 所示。

图 1-6-1　例 1 输出结果

例2：用"★"输出平行四边形，程序运行的输出结果如图 1-6-2 所示。

```
Private Sub Command1_Click( )
    Print Tab（11）; "★★★★★"
    Print Tab（12）; "★★★★★"
    Print Tab（13）; "★★★★★"
    Print Tab（14）; "★★★★★"
    Print Tab（15）; "★★★★★"
End Sub
```

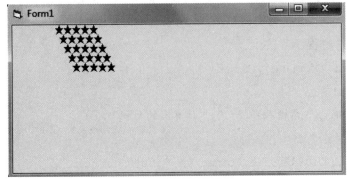

图 1-6-2　例 2 输出结果

6. Cls 方法

其功能是清除由 Print 方法显示的文本。

一般格式：［对象 . ］Cls

例：Cls   '清除当前窗口由 Print 语句显示的内容

　　Picture1.Cls   '清除 Picture1 中由 Print 语句显示的内容

【案例 1】设计一个 VB 程序，实现以下功能：单击窗体弹出输入对话框，输入半径求圆的面积（保留两位小数点），结果显示在输出对话框中，效果如图 1-6-3 和图 1-6-4 所示。

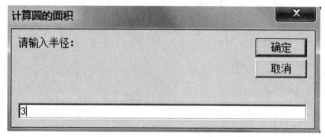

图 1-6-3 输入半径

图 1-6-4 计算结果

【解析】本题考查 InputBox 函数和 MsgBox 语句的用法。可以使用变量"s"表示圆的面积，"s"保留两位小数点的表达式为 Format（s, ".00"），另外两个参数则可以省略，最终得到字符串表达式为 "圆的面积是：" + Format（s, ".00"）。

编写如下事件过程：

```
Private Sub Command1_Click( )
    Dim r!,s!
    r=InputBox("请输入半径：","计算圆的面积",1)
    s=3.14 * r * r
    MsgBox" 圆的面积是："+ Format (s,".00")
End Sub
```

知识测评

一、单选题

1. Print 方法不可以在（　　）上输出。

A. 图像框　　　　　　　　　　B. 打印机

C. 图片框　　　　　　　　　　D. 窗体

2. 语句 Print "7*6="; 7*6 的输出结果为（　　）。

A. 7*6=7*6　　　　　　　　　B. 7*6=7*6

C. 7*6=42　　　　　　　　　　D. 7*6=42

3. 执行语句 x=InputBox（"a"，"b"，"c"）后，所产生的对话框标题为（　　）。

A. a　　　　　　　　　　　　B. b

C. 工程 1　　　　　　　　　　D. c

4. 执行语句 x=MsgBox（"aaa"，，"bbb"）后，所产生的对话框标题为（　　）。

A. aaa　　　　　　　　　　　B. bbb

C. 工程 1　　　　　　　　　　D. 空

5. 执行语句 MsgBox "AAA"，1，"BBB" 后，所产生的对话框上有（　　）个按钮。

A. 1　　　　　　　　　　　　B. 2

C. 3　　　　　　　　　　　　D. 随机

二、简答题

1. 举例说明 InputBox 函数的三个主要参数。

2. 简述 MsgBox 语句和函数的异同点有哪些。

三、实操题

设计一个 Visual Basic 程序，界面如图 1-6-5 所示，正确的用户名为"admin"，密码为"12345"。单击"确定"按钮后，如果输入的用户名和密码正确，则弹出"密码正确"提示框（图 1-6-6）；密码正确后若单击对话框中的"确定"按钮，则进入 Form2 窗体（图 1-6-7），若此时单击对话框中的"取消"按钮，则退出整个程序；如果输入的用户名和密码错误，则弹出"密码错误"提示框，如图 1-6-8 所示；此时单击"清除"按钮可以清除文本框中输入的内容。

图 1-6-5　输入用户名和密码

图 1-6-6 "密码正确"提示框

图 1-6-7 进入 Form2 窗体

图 1-6-8 "密码错误"提示框

1.7 单元测试

一、单选题

1. 下面（ ）是合法的字符串常量。

A．11/12/2010   B．"11/12/2010"

C．#11/12/2010#   D．#11，12，2010#

2. 下列变量名中，（ ）是不符合 Visual Basic 的命名规范的。

A．Abc91   B．print

C．price_   D．K_2

3. Visual Basic 认为下面（ ）组变量是同一个变量。

A．Aver 和 Average   B．Sum 和 Summary

C．A1 和 a1   D．A1 和 A_1

4. 要声明一个长度为 16 个字符的定长字符串 str，以下（ ）是正确的。

A．Dim str As String   B．Dim str As String16

C．Dim str As String［16］   D．Dim str As String*16

5. 符号"%"是声明（ ）类型变量的类型定义符。

A．Integer   B．Variant

C．Single   D．String

6. 长整型数据以（ ）个字节的二进制码表示和参加运算。

A．1   B．2

C．4   D．8

7. \、/、Mod、* 等 4 个算术运算符中，优先级最低的是（ ）。

A．/   B．\

C．Mod   D．*

8. 表达式 Mid（"SHANGHAI"，6，3）的值是（ ）。

A．SHANGH   B．SHA

C．ANGH   D．HAI

9. 表达式 25.28 Mod 6.99 的值是（ ）。

A．1   B．5

C．4   D．3

10. 表达式（-1）*Sgn（-100+Int（Rnd*100））的值是（ ）。

A．0   B．1

C. −1　　　　　　　　　　　D. 随机数

11. 语句 Print "Int（−13.2）="; Int（−13.2）的输出结果为（　　）。

A. Int（−13.2）=−13.2

B. Int（−13.2）=13.2

C. Int（−13.2）=−13

D. Int（−13.2）=−14

12. 产生［10，37］内随机整数的 Visual Basic 表达式是（　　）。

A. Int（Rnd（1）*27）+10　　　B. Int（Rnd（1）*28）+10

C. Int（Rnd（1）*27）+11　　　D. Int（Rnd（1）*28）+11

13. 设 *a*、*b*、*c* 表示三角形的三条边，表示条件"任意两边之和大于第三边"的表达式是（　　）。

A. a + b > c Or a + c > b Or b + c > a

B. a + b < c And a + c < b And b + c < a

C. a + b < c Or a + c < b Or b + c < a

D. a + b > c And a + c > b And b + c > a

14. 设 A="12345678"，则表达式 Val（Left（a，4）+ Mid（a，4，2））的值为（　　）。

A. 123456　　　　　　　　　B. 123445

C. 8　　　　　　　　　　　　D. 6

15. 表达式（7\3 + 1）*（18\5 − 1）的值是（　　）。

A. 8.67　　　　　　　　　　B. 7.8

C. 6　　　　　　　　　　　　D. 6.67

16. 函数 UCase（Mid（"visual basic"，8，8））的值为（　　）。

A. visual　　　　　　　　　B. basic

C. VISUAL　　　　　　　　　D. BASIC

17. 用于获得字符串 s 从第 2 个字符开始连续 3 个字符的函数是（　　）。

A. Mid$（s，2，3）　　　　　B. Middle（s，2，3）

C. Right$（s，2，3）　　　　　D. Left$（s，2，3）

18. 表示学生身高（单位：米）的变量可以定义为（　　）类型。

A. String　　　　　　　　　B. Single

C. Date　　　　　　　　　　D. Integer

19. 执行语句 a=InputBox("AAA","BBB","CCC") 后，所产生对话框的标题为（　　）。

A. AAA　　　　　　　　　　B. BBB

C. 工程 1　　　　　　　　　D. CCC

20. 执行语句 a=MsgBox("CCC"，"BBB") 后，所产生的信息框标题为（　　）。

A. CCC　　　　　　　　　　B. BBB

C. 工程 1   D. 空

二、填空题

1. 逻辑运算时参与运算的两个变量都为 False，结果才是 False 的逻辑运算是_____运算。

2. 逻辑运算时参与运算的两个变量都为 True，结果才是 True 的逻辑运算是_____运算。

3. 代数式 $X_1-|a|+\ln 10+\dfrac{\sin(X_2+2\pi)}{\cos b}$ 对应的 Visual Basic 表达式是_____。

4. 设 $a=2$，$b=-2$，则表达式 a / 2 + 1 > b + 5 Or b * (-2) =6 的值是_____。

5. 设 $a=2$，$b=-4$，则表达式 3 * a > 5 Or b + 8 < 0 的值是_____。

6. 表达式（2+8*3）/2 的值为_____。

7. 表达式 3^2+8 的值为_____。

8. 使用 Visual Basic 随机函数产生［200，300］内的随机整数，表达式为_____。

9. x 是能被 7 整除的两位数，用 Visual Basic 表达式表示为_____。

10. 用 Visual Basic 表达式表示两位正整数 n 的逆序（如将 12 变为 21）_____。

三、简答题

1. Visual Basic 主要的文件类型有哪些？
2. Visual Basic 算术表达式的书写规则有哪些？

四、实操题

1. 设计一个 Visual Basic 程序，实现以下功能，输入一个 18 位的身份证号码，单击"计算"按钮，根据输入的身份证号码求得出生日期（第 7～14 位对应为年、月、日）和年龄，并在对应的文本框中显示，效果如图 1-7-1 和图 1-7-2 所示。

图 1-7-1　输入身份证号码

图 1-7-2　计算出生日期和年龄

2. 设计一个 Visual Basic 程序，已知三角形三条边长是 a，b，c，其中 a，b，c 分别由用户通过文本框 Text1，Text2，Text3 输入，单击"计算"按钮，求三角形面积。三角形面积（海伦公式）$S=\sqrt{p\ (p-a)(p-b)(p-c)}$，其中 $p=a+b+c$，a、b、c 是三角形的三条边长，效果如图 1-7-3 和图 1-7-4 所示。

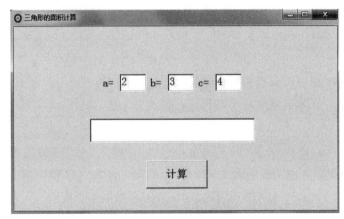

图 1-7-3　输入三条边长

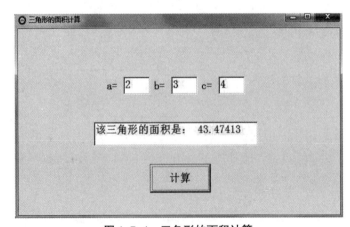

图 1-7-4　三角形的面积计算

单元2

程序设计结构

📧 导读

　　Visual Basic 是面向对象的结构化程序设计语言，有三种基本结构：顺序结构、选择结构和循环结构。顺序结构表示程序中的操作是按照它们出现的先后顺序执行的。选择结构表示程序的处理步骤出现了分支，需要根据某一特定的条件选择其中一个分支执行，有单选择、双选择和多选择三种形式。循环结构表示程序反复执行某个或某些操作，直到某条件为假（或为真）时才可终止循环。循环结构的基本形式有三种：For 循环、While 循环和 Do 循环。Visual Basic 结构化程序设计的基本思想是采用"自顶向下，逐步求精"的程序设计方法和"单入口单出口"的控制结构。

 **2.1 顺序结构程序设计**

学习目标

● 理解语句的概念和顺序结构程序设计执行过程。

● 掌握顺序结构程序设计格式、功能和使用方法。

● 通过学习顺序结构语句能够培养学生创新思维能力，提升学生解决问题的能力。

内容梳理

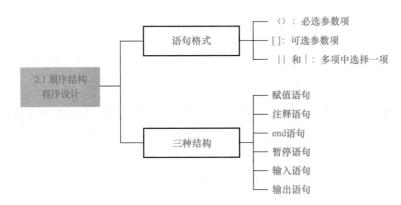

知识概要

（1）顺序结构是结构化程序设计中的第一种基本结构，在该结构中，各语句或语句组按照出现的先后顺序依次执行，就是各语句按出现的先后次序自上而下逐行执行。在选择结构和循环结构中，顺序结构也是组成部分。顺序结构只有一个唯一入口和一个唯一出口，是一种最简单、最基本的结构。语句的执行顺序为：语句 1→语句 2。

（2）语句是程序最基本的执行单位，程序的功能就是通过对一系列语句的执行来实现的。顺序结构程序的语句一般由两部分组成：语句定义符和语句体。语句定义符是关键字，决定系统做什么；语句体是语句定义符的操作对象或操作的内容。

语句格式中的符号如下：

〈 〉为必选参数项，如果缺少选项，则发生语句错误。

[ ] 为可选参数，内容由使用者选择，可选可不选。

｛ ｝和 | 为在多项中选择一项，且必须选择其中之一。

符号的作用：

①这些符号是为了方便解释语句、方法和函数。

②在书写具体的命令时，不能出现语法描述符号。

③编写程序有一定的规则，这就是语法。如数学中 x 乘以 y 可以写成 xy，但在程序中不能。程序中除了" "内的字符串外，一律使用英文符号，如 >、<、=、+、- 等都必须是英文符号。

例：

① Dim x As Integer，y As Integer 是定义变量的语句。其中：

Dim 是语句定义符，它的作用是定义变量；x As Integer，y As Integer 则是语句体，是定义变量的具体内容，表示 x、y 被定义成整数。

② Print "鸡的只数 ="；x，"兔的只数 ="；y 是打印语句。其中：

Print 是语句定义符，它的作用是打印；"鸡的只数 ="；x，"兔的只数 ="；y 是语句体，是打印的对象。

（3）赋值语句是程序设计中最基本、最常用的语句，其作用是计算右端的表达式，将结果赋值给左端的变量。

语句格式：［Let］变量名 = 表达式或［Let］［对象名称 .］属性名称 = 表达式。

使用说明：

①当表达式为数值型而与变量精度不同时，强制转换成左边变量的精度。

②当表达式是数字字符串，左边变量是数值类型时，自动转换成数值类型后赋值；当表达式中有非数字字符或空串时，则会出错。

③将任何非字符类型数据赋值给字符类型变量时，自动转换为字符类型。

④当逻辑型数据赋值给数值型变量时，True 转换为 –1，False 转换为 0；反之，非 0 转换为 True，0 转换为 False。

⑤赋值号左边的变量只能是变量，不能是常量、常数符号、表达式，否则报错。

⑥不能在同一赋值语句中同时给多个变量赋值。

⑦在条件表达式中出现的" = "是等号，系统会根据" = "的位置自动判断是否其为赋值符号。

⑧ n=n+1 是常见的赋值语句，表示将变量 n 的值加 1 后再赋值给变量 n，从而完成变量结果的累加操作。例如，$n=5$，执行 $n=n+1$ 后变为 $n=6$。

（4）注释语句是用来对程序进行解释，方便读者理解程序；还可以用来调试程序，如可以利用注释屏蔽一条语句以观察变化，发现问题和错误。注释语句是程序中经常用到的语句。

语句格式：Rem 注释内容或 ' 注释内容

使用说明：

① Rem 是系统关键字，它与后面的注释内容之间至少用一个空格分隔，否则系统不

能识别。使用单引号添加注释内容时，单引号与注释内容之间可以没有空格。

②如果在语句行后使用 Rem 注释，必须使用冒号与前面部分隔开，这样就构成语句组；若用单引号则在其他语句行后面不必加冒号。

例：Const PI=3.14159   '定义符号常量 PI   S=2*PI*R   : Rem 计算圆周长

（5）结束语句 End 是结束程序的运行。

语句格式：End

使用说明：程序执行 End 语句，结束应用程序的运行，关闭用 Open 语句打开的文件并清除变量，返回操作系统（当程序编译执行时）或 Visual Basic 系统集成开发环境（当程序解释运行时）。

（6）暂停语句 Stop 是暂停程序的执行，在事件代码中设置断点。

语句格式：Stop

使用说明：

①在程序解释运行时，Stop 语句把解释程序设置为中断模式，以便对程序进行检查和调试；同时，还要自动打开立即窗口；与 End 语句不同的是，在程序解释运行时，Stop 不会关闭任何文件或清除变量。

②在可执行文件中含有 Stop 语句，Stop 执行时将关闭所有的文件并退出程序。因此，当程序调试结束后，在生成可执行文件之前，应清除代码中所有的 Stop 语句。

（7）数据输入可以使用赋值语句、InputBox 函数和文本框等。

（8）数据输出可以使用 Print 方法、标签、文本框、MsgBox 函数和 MsgBox 语句等。

✓ 应知应会

顺序结构语句在 Visual Basic 程序设计中被广泛应用，为了更好地掌握顺序结构语句的应用，接下来我们通过案例学习顺序结构语句的操作应用。

例 1：输入以下程序段，运行结果如图 2-1-1 所示。通过程序认识顺序结构。

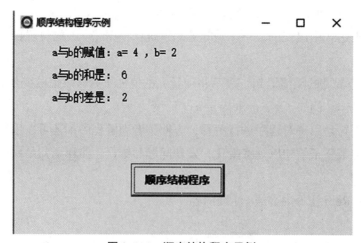

图 2-1-1 顺序结构程序示例

```
Private Sub Command1_Click ( )
    a = 4: b=2' 给变量 a 与 b 赋值
    Form1.Cls      ' 清除屏幕
    Print
    Print"       a 与 b 的赋值: a=";a;", b=";b
    Print
    Print"       a 与 b 的和是: ";a+b
    Print
    Print"       a 与 b 的差是: ";a-b
End Sub
```

例 2: 交换两数的值。

步骤 1: 根据三段式设计代码。

```
Private Sub Command1_Click ( )
Dim a As Integer,b As Integer,c As Integer   ' 定义变量 a,b,c 为整型
a=Text1                              ' 把文本框 1 的值赋给变量 a
b=Text2                              ' 把文本框 2 的值赋给变量 b
c=a                                  ' 把变量 a 的值赋值给中间变量 c
a=b                                  ' 把变量 b 的值赋值给变量 a
b=c                                  ' 把中间变量 c 的值赋值给变量 b
Text3.Text=a                         ' 把变量 a 的值赋给文本框 3
Text4.Text=b                         ' 把变量 b 的值赋给文本框 4
End Sub
```

步骤 2: 执行代码，结果如图 2-1-2 所示。

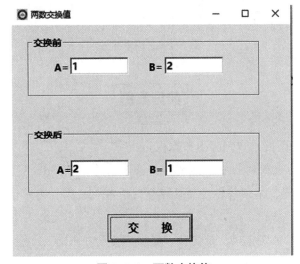

图 2-1-2　两数交换值

例 3：鸡兔同笼，已知鸡和兔总头数为 h 头，它们脚的总数为 f 只，编程计算有多少只鸡、多少只兔子。

步骤 1：分析题意，假设有 x 只鸡和 y 只兔子，可列出如下表达式：

$$\begin{cases} h=x+y \\ f=2x+4y \end{cases}$$

通过对二元一次方程求解，可以得到 $x=(4h-f)/2$，$y=(f-2h)/2$。

步骤 2：设置程序进行求解。

```
Private Sub Command1_Click()
    Dim x As Integer,y As Integer      '定义变量x,y为整形
    Dim h As Integer,f As Integer      '定义变量h,f为整形
    h=Val(Text1):f=Val(Text2)          '11赋值给h,34赋值给f
    x=(4*h-f)/2                         'x赋值成5
    y=(f-2*h)/2                         'y赋值成6
    Label3.Caption="鸡的只数="&x&",兔的只数="&y
End Sub
```

步骤 3：窗体执行代码，结果如图 2-1-3 所示。

图 2-1-3　鸡兔同笼

典型案例

【**案例 1**】编程计算长方体表面积和体积。

【**解析**】长方体的表面积为 6 个面之和，长方体的体积＝长 × 宽 × 高。长宽高的值可以通过多种方式获得，本例将通过文本框分别输入长、宽、高的值，然后计算表面积和体积。

步骤 1：根据要求编写代码，设定长、宽、高变量分别为 a、b、c。

```
Private Sub Command1_Click()
```

```
Dim a As Integer,b As Integer,c As Integer
a=Val（Text1）:b=Val（Text2）:c= Val（Text3）
s=（a*b+a*c+b*c）*2
v=a*b*c
Text4.Text=s
Text5.Text=v
```
End Sub
Private Sub Command2_Click（）
    End
End Sub

步骤 2：执行结果如图 2-1-4 所示。

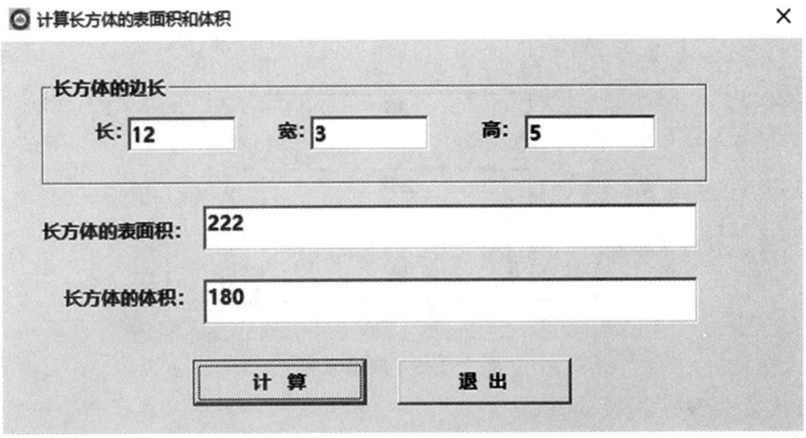

图 2-1-4　计算长方体的表面积和体积

【案例 2】编程计算学生的总成绩。在界面中输入某学生语文、数学、英语三门课程的成绩，计算学生总成绩。

【解析】整体思路是编写代码读取文本框的内容，然后求和。

步骤 1：根据题意编写代码如下：
```
Private Sub Command1_Click（）'求和
    A=Val（Text1.Text）
    B=Val（Text2.Text）
    C=Val（Text3.Text）
    Text4.Text=A+B+C
End Sub
Private Sub Command2_Click（）'清除
    Text1.Text=" "
    Text2.Text=" "
```

```
        Text3.Text=" "
        Text4.Text=" "
        Text1.SetFocus
End Sub
Private Sub Command3_Click ( ) '退出
        End
End Sub
```

步骤2：执行结果如图2-1-5所示。

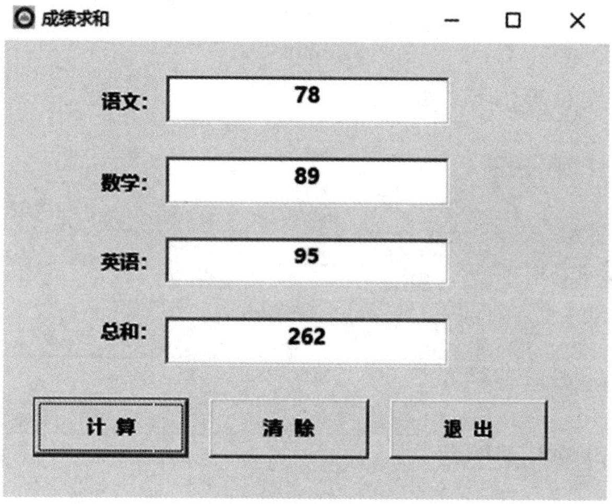

图 2-1-5 成绩求和

一、选择题

1. 在窗体上画一个名称为 Command1 的命令按钮，然后编写如下事件过程：

```
Private Sub Command1_Click ( )
    a=5
    b=6
    Print c=a + b
End Sub
```

程序运行后，单击"命令"按钮，其结果为（   ）。

A．a=11   B．a=b + c

C．a=   D．False

2. 在窗体上画一个名称为 Command1 的命令按钮，然后编写如下事件过程：

```
Private Sub Command1_Click ( )
```

```
        a=11

        b=5

        c=a

        b=c

        a=b

        Print b

End Sub
```

程序运行后，单击"命令"按钮，其结果为（　　）。

A．11   B．5

C．6   D．7

3．在窗体上画一个名称为"Command1"的命令按钮，然后编写如下事件过程：

```
Private Sub Command1_Click()

    a=InputBox("Enter the First Integer")

    b=InputBox("Enter the Second Integer")

    Print a + b

End Sub
```

程序运行后，单击"命令"按钮，先后在 2 个对话框中输入 123 和 456，则输出结果为（　　）。

A．579   B．123

C．456123   D．123456

4．在窗体上画一个文本框、一个标签和一个命令按钮，其名称分别为 Text1，Label1 和 Command1，然后编写如下两个事件过程：

```
Private Sub Command1_Click()

    strText=InputBox("请输入")

    Text1. Text=strText

End Sub

Private Sub Text1_Change()

    Label1. Caption=Right(Trim(Text1. Text),3)

End Sub
```

程序运行后，如果在对话框中输入 abcdef，则在标签中显示的内容是（　　）。

A．abc   B．bcd

C．cde   D．def

5．命令按钮"Command1"的单击事件代码如下：

```
Private Sub Command1_Click()

    Dim i As Integer
```

```
    i=i+1
End Sub
```

单击该按钮 3 次，*i* 的值为（　　）。

A．0   B．1

C．2   D．3

二、填空题

1．假定有如下语句：

```
Private Sub Form_Click()
    Dim a,b,x As Integer
    a=Val(InputBox("a="))
    b=Val(InputBox("a="))
    x=a+b
    Print x
End Sub
```

运行时，用键盘输入 3 和 4，输出 *x* 的值是＿＿＿＿＿＿。

2．在窗体上画一个名称为"Command1"的命令按钮，然后编写如下事件过程：

```
Privete Sub Command1_Click()
    MsgBox Str(123 + 321)
End Sub
```

程序运行后，单击"命令"按钮，则在信息框中显示的提示信息为＿＿＿＿＿＿。

3．假设有如下程序，程序运行后，单击窗体输出结果是＿＿＿＿＿＿。

```
Private Sub Form_Click()
    a=32548.56
    Print Format(Int((a*10+0.5)) / 10,"000,000. 00")
End Sub
```

4．以下语句的输出结果是＿＿＿＿＿＿。

```
s$="China"
s$="Beijing"
Print s$
```

5．在窗体上画一个名称为"Command1"的命令按钮，然后编写如下程序：

```
Private Sub Command1_Click
    Static  x  As Integer
    Static  y  As Integer
    Cls
    y=1
```

```
        y=y+5
        x=5+x
End Sub
```

程序运行时，单击三次命令按钮"Command1"后，*x* 和 *y* 的结果分别为_____。

三、判断题

1. 下列程序执行的结果为 a（77）。　　　　　　　　　　　　　　　　　（　　）

```
x = 5：y = 6：z = 7
Print"a（"; x+z*y; "）"
```

2. Visual Basic 的一个算法中可以没有输入、输出语句。　　　　　　　　（　　）

3. 如果将布尔常量 False 赋值给一个整型变量，则整型变量的值为 –1。　（　　）

4. 同一行的赋值语句 x=1；y=1；z=1，表示给 *x*、*y*、*z* 三个变量赋初值 1。　（　　）

5. Visual Basic 中用于产生输入对话框的函数是 MsgBox，用于产生消息框的函数是 InputBox。　　　　　　　　　　　　　　　　　　　　　　　　　　　　（　　）

四、简答题

1. Visual Basic 中数据输入常用的方法有哪些？

2. Visual Basic 中数据输出常用的方法有哪些？

五、实操题

1. 设计一个程序界面，要求在两个文本框中分别输入"单价"和"数量"，然后通过 Label 控件显示金额。

2. 在文本框 Text1 中输入任意一个英文字母，在标签框中显示该英文字母及其 ASCII 码值。

2.2 选择结构程序设计

学习目标

● 理解 IF 语句和 Select Case 语句的执行过程。

● 掌握关系运算符、逻辑运算符和表达式书写格式。

● 掌握选择结构程序设计格式、功能和使用方法。

● 通过体验程序、分析程序、修改程序和编写程序，学生可以提高学习兴趣，培养出团结合作精神并拓展学习范围，提高解题能力。

内容梳理

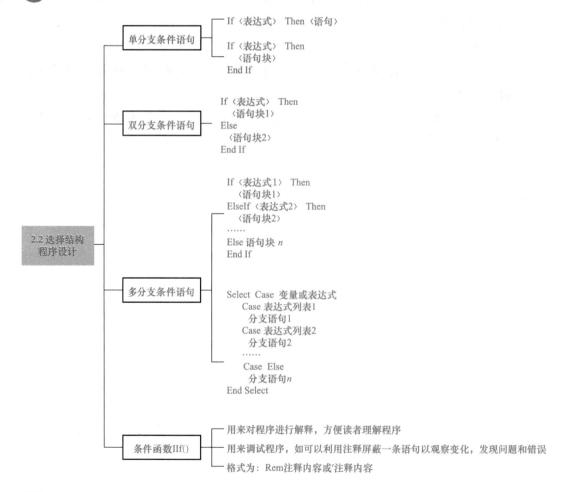

知识概要

1. 单分支条件语句

语句格式：

If ＜表达式＞　　　Then ＜语句＞

或

If ＜表达式＞　　　Then

　　＜语句块＞

End If

单分支结构如图 2-2-1 所示。

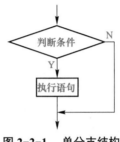

图 2-2-1　单分支结构

判断条件表达式一般为关系表达式、逻辑表达式，也可以为算术表达式，非 0 为 True，0 为 False；语句块可以是一句或多句；若用同一行表示，则只能是一句语句；若要用多句表示，语句间需用冒号分隔，而且必须在一行中书写。

2. 双分支条件语句

语句格式：

If ＜表达式＞ Then

　　＜语句块 1＞

Else

　　＜语句块 2＞

End If

双分支结构如图 2-2-2 所示。

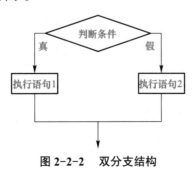

图 2-2-2　双分支结构

3. 多分支条件语句

（1）If……Then……ElseIf 语句。

语句格式：

```
If <表达式 1> Then
    <语句块 1>
ElseIf <表达式 2> Then
    <语句块 2>
ElseIf <表达式 3> Then
     <语句块 3>
……
Else <语句块 n>
End If
```

多分支结构如图 2-2-3 所示。

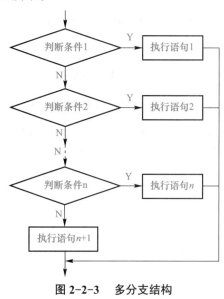

图 2-2-3　多分支结构

注意：

①不管有几个分支，当程序执行完一个分支后，其余分支不再执行；

② ElseIf 不能写成 Else If。

③当多分支中有多个表达式同时满足，则只执行第一个与之匹配的语句块；

④ If 语句的嵌套指 If 或 Else 后面的语句块中包含 If 语句。为了增强程序的可读性，应该采用缩进形式书写；If 语句形式若不在一行上书写，必须与 End If 配对，若存在多个 If 嵌套，End If 与它最接近的 End If 配对。

（2）Select Case 语句（情况语句）。

语句格式：

```
Select Case　变量或表达式
Case　表达式列表 1
    ＜语句块 1＞
Case　表达式列表 2
    ＜语句块 2＞
……
Case Else
    ＜语句块 n＞
End Select
```

说明：

①变量或表达式可以是数值型或字符串表达式。

②表达式列表 1 可以是一个具体的值或表达式、一组用逗号分隔的枚举值、表达式 1 To 表达式 2、Is 关系运算符表达式，如：Case 1 To 10；Case "a"，"w"，"e"，"t"；Case 2，4，6，8；is>10。

③在 Select Case 结构中，如果要表示某个具体的数，可以这样书写：Case 1；如果要表示某几个具体的数，可以这样书写：Case 1，3，7；如果要表示某个范围内的数，可以这样书写：Case 3 To 8，表示从 3 到 8 的所有数，包含 3 和 8；如果要表示数的范围只有下限没有上限（比如大于 3），或者反过来，只有上限没有下限（比如小于等于 6），这时候就要用 Is 来表示，如 Case Is > 3 或 Case Is <=6。

④关键字 Is 定义条件时，只能是简单的条件，不能用逻辑运算符将两个或多个简单的条件组合在一起。例如 "Case Is > 20 And Is < 40" 是不合法的，而 "Case Is < 2，12，13，15，Is > 20" 是正确的。

4. 条件函数 IIf（）

语句格式：IIf（表达式，当表达式为 True 时的值，当表达式为 False 时的值）

例：Tmax=IIf（$x>y$，x，y），作用：求 x、y 中最大的数，并存入 Tmax 变量中。

应知应会

If 语句和 Select Case 语句在 Visual Basic 程序设计中被广泛应用，为了更好地掌握选择结构语句的应用。接下来，我们通过案例学习选择结构语句的操作应用。

例 1：用单分支结构编写符号函数。

步骤 1：认识什么是符号函数。符号函数指的是输入数值为 0，返回支为 0，输入数值大于 0，返回值为 1，输入数值小于 0，返回值为 –1，表达式如下。

$$y = \begin{cases} 1 & (-x > 0) \\ 0 & (x = 0) \\ -1 & (x < 0) \end{cases}$$

步骤 2：设置窗体界面，如图 2-2-4 所示。

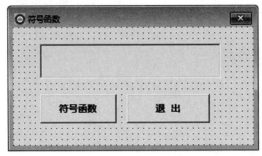

图 2-2-4　符号函数

步骤 3：根据题意，编写如下功能代码：

```
Private Sub Command1_Click()
    x = Val(InputBox("请任意输入一个数："))
    s = Chr(10) & Chr(13) & Space(10)
    If x > 0 Then Label1.Caption=s & "Sgn("&CStr(x)&")="& 1
    If x = 0 Then Label1.Caption=s & "Sgn("&CStr(x)&")="& 0
    If x < 0 Then Label1.Caption=s & "Sgn("&CStr(x)&")="& -1
End Sub
Private Sub Command2_Click()
    End
End Sub
```

例 2：用多分支语句编程实现：从键盘任意输入一个字符，判断该字符是字母、数字还是其他字符。

步骤 1：理解判断字符的方法。

$$str \begin{cases} 字符 & 'A' \leq UCase(x) \leq 'Z' \\ 数字 & '0' \leq x \leq '9' \\ 其他符号 & 其他情况 \end{cases}$$

步骤 2：根据题意分析编写代码。

```
Private Sub Command1_Click()
    Dim str As Variant
strC=InputBox("请任意输入一个字符：")
    str=Chr(10) & Chr(13) & Space(15)
    If UCase(strC)>="A"And UCase(strC)<="Z"Then
        str = str & "你输入的字符 "&strC&" 是字母。"
ElseIfstrC>= "0" And strC<= "9" Then
        str = str & "你输入的字符 "&strC&" 是数字。"
```

```
        Else
            str = str & "你输入的字符 "&strC +" 是其他字符。"
        End If
        Label1.Caption = str
    End Sub
    Private Sub Command2_Click()
        End
    End Sub
```

步骤 3：程序执行结果如图 2-2-5 所示。

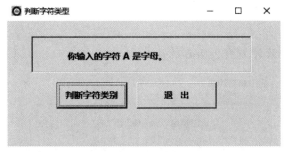

图 2-2-5　判断字符类型

例 3：在"神舟号"程序中，需要判断飞船飞行状况。飞船速度为 V，当 $7.91 \leqslant V < 11.19$ 时飞船绕地球做匀速圆周运动；当 $11.19 \leqslant V < 16.67$ 时飞船离开地球的控制围绕太阳转；当 $16.67 \leqslant V$ 时飞船挣脱太阳引力飞出太阳系；当 $V < 7.91$ 时警告出错信息。试编写程序，输入不同的飞船速度 V，判断飞行状态。

步骤 1：根据题目描述，整理出如下表达式：

$$P_{飞行状态} \begin{cases} 绕地球飞行 & 7.91 \leqslant v < 11.19 \\ 绕太阳飞行 & 11.19 \leqslant v < 16.67 \\ 飞出太阳系 & v \geqslant 16.67 \\ 飞行状态出错 & v < 7.91 \end{cases}$$

步骤 2：根据表达式，利用多分支语句编写如下代码：

```
Private Sub command1_click()
    Dim V As Single,n As Integer
    Dim Str As Variant
    V = Val(InputBox("SPEED=","输入速度"))
    Str = Chr(10) & Chr(13) & Space(15)
    Select Case V
        Case Is < 7.91
            Str = Str & "当前速度:"& V &", 速度过低。"
```

```
    Case 7.91 To 11.19
        Str = Str & "当前速度是：" & V & "，绕地球飞行。"
    Case 11.19 To 16.67
        Str = Str & "当前速度是：" & V & "，绕太阳飞行。"
    Case Is >= 11.19
        Str = Str & "当前速度是：" & V & "，飞出太阳系了。"
    End Select
    Label1.Caption = Str
End Sub
Private Sub Command2_Click()
    End
```

步骤3：代码运行效果如图2-2-6所示。

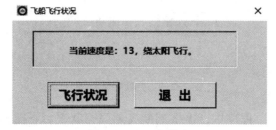

图 2-2-6 飞行状态

【**案例1**】编写程序计算出租车费用。出租车计费规则是3公里以内费用7元，超过3公里后每公里1.5元。

【**解析**】

步骤1：根据出租车计费规则列出如下表达式：

$$f = \begin{cases} 7 & 0 \leqslant a \leqslant 7 \\ 7 + (a-3) \times 1.5 & a > 3 \end{cases}$$

步骤2：根据表达式设计程序，实现计费功能，代码如下：

```
Private Sub Command1_Click()
    a = Val(Text1)
    If a > 0 And a <= 3 Then
        f = 7
    ElseIf a > 3 Then
        f = 7 + (a - 3) * 1.5
```

```
Else
        f = 0
End If
Text2.Text = f
End Sub
Private Sub Command2_Click()
    End
End Sub
```

步骤 3：设计程序执行结果如图 2-2-7 所示。

图 2-2-7 出租车计费系统

【案例 2】根据年和月，推算该月有几天。

【解析】

步骤 1：根据题目要求，列出如下表达式：

$$d_{天数}=\begin{cases} 31 & m=[1,3,5,7,8,10,12] \\ 30 & m=[4,6,9,11] \\ 29 & m=[2]\text{且}y\text{为闰年} \\ 28 & m=[2]\text{且}y\text{不是闰年} \end{cases}$$

闰年指的是年份值能够被 400 整除，或者年份值能被 4 整除且不能被 100 整除。

步骤 2：根据表达式设计如下程序：

```
Private Sub Command1_Click()
    Dim y As Integer,m As Integer,days As Integer
    Dim Str As Variant
    y = Val(Text1)
    m = Val(Text2)
    Str = Chr(10) & Chr(13)
    Select Case m
        Case 1,3,5,7,8,10,12
            days = 31
```

```
    Case 4,6,9,11
        days = 30
    Case 2
        If y Mod 400 = 0 Or y Mod 4 = 0 And y Mod 100 <> 0 Then
            days = 29
        Else
            days = 28
        End If
    End Select
    Str = Str & y & "年" & m & "月" & days & " 天。"
    Label1.Caption = Str
End Sub
Private Sub Command2_Click()
    End
End Sub
```

步骤3：根据题意设计程序的执行结果如图 2-2-8 所示。

图 2-2-8　计算当前月的天数

知识测评

一、选择题

1. 假设有如下程序：

```
Private Sub Form_Click()
    a=2
    b=1
```

```
    Print IIf (a >=b,a,b)
End Sub
```

运行后输出的结果为（   ）。

A. 0
B. 1
C. 2
D. 3

2. 假设有如下语句：

```
Private Sub Form_Click()
    k=2
    If k >=1 Then a=3
    If k >=2 Then a=2
    If k >=3 Then a=1
    Print a
End Sub
```

运行后输出的结果为（   ）。

A. 1
B. 2
C. 3
D. 出错

3. 下列 If 语句统计满足性别为男、职称为副教授以上，且年龄小于 40 岁条件的人数，其中不正确的语句是（   ）。

A. If sex=" 男 "And age<40 And InStr（duty，" 教授 "）>0 Then n=n+1

B. If sex=" 男 "And age<40 And（duty=" 教授 "Or duty=" 副教授 "）Then n=n+1

C. If sex=" 男 "And age<40 And Right（duty，2）=" 教授 "Then n=n+1

D. If sex=" 男 "And age<40 And duty=" 教授 "And duty=" 副教授 "Then n=n+1

4. 以下 Case 语句中错误的是（   ）。

A. Case 0 To 10
B. Case Is>10
C. Case Is>10 And Is<50
D. Case 3，5，Is>10

5. 赋值语句：a=123 + Mid（"123456"，3，2）执行后，"a" 变量中的值是（   ）。

A. 34
B. 123
C. 12334
D. 157

6. 要在窗体 Form1 内显示 "myfrm"，使用的语句是（   ）。

A. Form1．Caption="myfrm"
B. Form．Print "myfrm"
C. Form．Caption="myfrm"
D. Form1．Print "myfrm"

二、填空题

1. 已知两个数 x 和 y，比较它们的大小，使输出的 x 值大于 y。

```
Private Sub Form_Click()
    x=Val（text1.text）
```

```
y=Val (text2.text)
If_____then
   t=x
   x=y
   y=t
End If
Print   x,y
End Sub
```

2．判断成绩等级（成绩大于等于 90 为优秀；成绩大于等于 80 为良好；成绩大于等于 60 为合格；成绩小于 60 为不合格）

```
Private Sub Form_Click()
   Dim a As Integer
   a=Val (text1.text)
Select  Case  a
   Case  Is>=90
      Print "优秀"
   Case_____
      Print" 良好 "
   Case  60  To  80
      Print " 合格 "
   Case Else
      Print " 不合格 "
   End Select
End Sub
```

3．在 Select Case 语句中，要表示 3 到 8 的数时可以写成 Case_____。

4．在 If 条件语句中，如果条件是数值表达式，表达式的结果是 0 则为_____。

5．在 Select Case 语句中，关键字 To 用来指定一个范围，必须把较_____值写在前面，较_____值写在后面。

6．下列程序段输出的结果是_____。

```
x=5
y=-6
If Not x>0 Then
    x=y-3
Else
    y=x+3
```

```
End If
Print x-y; y-x
```

三、判断题

1．根据情况选择执行的结构称为分支结构，它是根据给定的条件选择执行多个分支中的一个分支。　　　　　　　　　　　　　　　　　　　　　　　　　　　　（　　）

2．在 Select Case 语句中，关键字 Case 后面的取值格式只有 1 种。　　　　（　　）

3．注释语句作为一个独立行，可放在过程、模块的开头作为标题，也可以放在执行语句的后面。　　　　　　　　　　　　　　　　　　　　　　　　　　　　　　（　　）

4．利用函数 Rnd 只能产生（0，1）区间的单精度随机数。　　　　　　　　（　　）

5．Visual Basic 程序代码的基本结构有三种，分别是顺序结构、选择结构（分支结构）、循环结构。　　　　　　　　　　　　　　　　　　　　　　　　　　　　　　　（　　）

6．下列程序段运行后，显示的结果是 1。　　　　　　　　　　　　　　　　（　　）

```
Dim x
If  x  Then
   Print x
Else
   Print x + 1
End If
```

四、简答题

1．请画出 If 双分支选择结构的执行流程。

2．请画出 Select 选择结构的执行流程。

五、实操题

1．小明去买电池，定价为每节 2.5 元，当购买超过 10 节后，超出的部分按 8 折结算。设计程序计算小明购买电池的金额。

2．计算货物运费 t。设货物运费每吨单价 p（元）与运输距离 s（千米）之间的关系如表 2-2-1 所示。

表 2-2-1　单价与运输距离的关系

p/元	s/千米
30	$s<100$
27	$100 \leqslant s<200$
25	$200 \leqslant s<300$
22	$300 \leqslant s<400$
20	$s \geqslant 400$

要求：根据单价与里程关系表计算运费。

3. 输入某学生百分制成绩，输出等级制成绩。若 100 ≥ 成绩 ≥ 90，输出优秀；若 90 > 成绩 ≥ 80，输出良好；若 80 > 成绩 ≥ 70，输出中等；若 70 > 成绩 ≥ 60，输出及格；若 60 > 成绩 ≥ 0，输出不及格；若是其他数，则输出 error 信息。

2.3 循环结构程序设计

● 理解循环结构程序设计 For...Next，Do While|Until...Loop 和 Do ...Loop While|Until 循环语句的执行过程。

● 掌握循环结构程序设计 For...Next，Do While|Until...Loop 和 Do ...Loop While|Until 的格式、功能和使用方法。

● 培养学生的观察能力及实际操作能力；培养和提高学生的逻辑思维能力，使其可以独立完成简单循环结构算法的设计；培养学生的创新精神，锻炼学生解决问题的能力，全面提高学生的综合素质。

📄 **内容梳理**

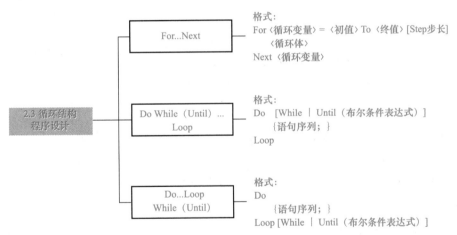

📄 **知识概要**

1. For 循环语句

语句格式：

For　＜循环变量＞=＜初值＞　To　＜终值＞ ［Step 步长］

　　　＜循环体＞

Next ＜循环变量＞

当循环变量的值在初值到终值范围内时，执行一次循环体中的语句块，并使初值增加一个步长。当循环变量的值不在初值到终值范围内时，就退出循环，执行 Next 后面的语句。

For 循环语句说明：

① <循环变量>：也称循环控制变量，它是一个数值变量，但不能是布尔或数组元素。

② <初值><终值> 和 <步长>：它们是一个数值表达式。步长为正数时，表示递增循环；步长为负数时，表示递减循环，但不能为 0。Step 的缺省值为 1。循环变量 >0，初值 <终值，步长值 =1 时，可省略；循环变量 <0，初值 >终值；若步长值 =0，是死循环。

③ <循环体>：在 For 语句和 Next 语句之间的语句序列，可以是一个或多个语句。

④ Next：是循环终端语句，在 Next 后面的循环变量与 For 语句中的循环变量必须相同。当只有一层循环时，Next 后面的循环变量可略过不写。

⑤ For 语句又叫作循环说明语句，用来指定循环变量的名称，以及循环变量的初值、终值和步长；循环体是被反复执行的部分（即循环工作部分），它可以由若干条语句组成；Next，语句又叫作循环终端语句，其作用是改变循环变量的值（即增加一个步长）并控制是否再次执行循环体。

⑥循环执行的次数：n=Int（（终值－初值）／步长）+1

⑦ For...Next 语句可以嵌套使用，嵌套的层数没有限制，其基本要求是：每个循环只有唯一的变量作为循环变量；内层循环变量的 Next 语句必须放在上层循环变量的 Next 语句之前。

2. While 循环语句

语句格式：

```
While   <布尔条件表达式>
    { 语句序列 ; }
Wend
```

While...Wend 循环的测试条件在每次循环开始时前，应先进行判断。

3. Do 循环语句

（1）Do While...Loop 和 Do Until...Loop 循环语句。

语句格式：

```
Do   [ While | Until (布尔条件表达式)]
    { 语句序列 ; }
Loop
```

Do While | Until 循环语句说明：

①布尔条件表达式是一个具有 boolean 值的条件表达式，为循环的条件。

②作为循环体的语句序列可以是简单语句、复合语句和其他结构语句。

③ While | Until 循环的执行过程：首先计算条件表达式的值，如果为真，则执行后面的循环体，执行完后，再开始一个新的循环；如果为假，则终止循环，执行循环体后面的语句。Until 循环的执行过程与之相反，首先计算条件表达式的值，如果为假，则执行

后面的循环体，执行完后，再开始一个新的循环；如果为真，则终止循环，执行循环体后面的语句。

④ 可以在循环体中的任何位置放置 Break 语句来强制终止 While ｜ Until 循环，随时跳出循环。

⑤ 可以在循环体中的任何位置放置 Continue 语句，在整个循环体没有执行完时就重新判断条件，从而决定是否开始新的循环。

（2）Do...Loop While 和 Do ...Loop Until 循环语句。

语句格式：

```
Do
    {语句序列；}
Loop ［While ｜ Until (布尔条件表达式)］
```

Do　While ｜ Until...Loop 循环的测试条件在每一次循环开始时先进行判断，而 Do...Loop　While ｜ Until 循环的测试条件在每一次循环体结束时进行判断。

✅ 应知应会

For 循环语句和 Do 循环语句在 Visual Basic 程序设计中被广泛应用，为了更好地掌握循环结构语句的应用，接下来我们通过案例学习循环结构语句的操作应用。

例1：编程计算 1 到 100 的奇数和。

【解析】

步骤1：根据题目描述，可以看出其计算式为：

$$S = 1+3+5+\cdots+99$$

步骤2：根据题意分析设计计算程序。

```
Private Sub Command1_Click()
    Dim Str As Variant
    Str = Chr(10) & Chr(13)
    Sum = 0
    For k = 1 To 100 Step 2         '步长为2
        Sum = Sum + k
    Next k
    Str = Str & "1至100之间的奇数之和为：" & Sum
    Label1.Caption = Str
End Sub
Private Sub Command2_Click()
    End
End Sub
```

步骤3：执行结果如图 2-3-1 所示。

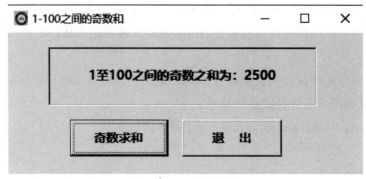

图 2-3-1 奇数求和

例 2：编程求的最大公约数。

【解析】

步骤 1：明晰最大公约数算法是：辗转相除法用较大数除以较小数，再用出现的余数（第一余数）去除除数，再用出现的余数（第二余数）去除第一余数，如此反复，直到最后余数是 0 为止，最后的除数就是这两个数的最大公约数。

步骤 2：根据最大公约数算法编写代码实现对应功能。

```
Private Sub Command1_Click()
    Dim str As Variant
    m = Val(Text1)
    n = Val(Text2)
    str = Chr(10) & Chr(13) & m & "和" & n
    If m < n Then t = m: m = n: n = t
    r = m Mod n
    Do While r <> 0
        m = n
        n = r
        r = m Mod n
    Loop
    str = str & "的最大公约数是" & n & "。"
    Label3.Caption = str
End Sub
Private Sub Command2_Click()
    End
End Sub
```

步骤 3：求最大公约数的执行结果如图 2-3-2 所示。

图 2-3-2　求最大公约数

例 3：将一个十进制数转换成二进制。

【解析】

步骤 1：将一个十进制数转换成二进制采用连除 2 取余数的方法，即将十进制数除以 2 取余数，直到商为 0，然后所得的余数即为二进制数各位的数码，从右到左排列，第一次除 2 的余数在最左边。算法设计如下：用变量 a 表示十进制数，b 表示转换所得的二进制数字符串。

① 输入十进制 a；

② Dec 除以 2 得余数 c，商又赋值给 a；让 b = c&b；

③ 若 Dec=0，则算法结束；否则执行第二步。

步骤 2：根据算法分析，编写如下代码：

```
Private Sub Command1_Click ( )
    Dim Dec As Integer        ' 表示十进制数
    Dim Bin As String         ' 转换为二进制表示
    Dim Res As Integer
    Dec = Val (Text1.Text)
    Do
        Res = Dec Mod 2       ' 求出除以 2 的余数
        Bin = Res & Bin
        Dec = Dec\2
    Loop Until Dec = 0
    Text2.Text = Bin
End Sub
Private Sub Command2_Click ( )
    End
End Sub
```

步骤 3：根据编写代码执行的结果如图 2-3-3 所示。

图 2-3-3　数制转换

典型案例

【案例 1】从键盘任意输入 10 个数，编辑实现分别求正数和负数之和。

【解析】

步骤 1：题意分析，通过判断正数与负数，然后分别进行求和运算。本题使用 For 循环语句。

步骤 2：编写代码实现题意功能。

```
Private Sub Command1_Click()
NSum = 0: PSum = 0
    f = " "
    For i = 1 To 10
        msg = "请输入第" & Str(i) & "个数："
        x = InputBox(msg)
        If n < 10 Then
            f = f & x & ","
        Else
            f = f & x
        End If
        If x > 0 Then NSum = NSum + x
        If x < 0 Then PSum = PSum + x
        Text1.Text = f
    Next i
    Label4.Caption = NSum
    Label5.Caption = PSum
End Sub
```

```
Private Sub Command3_Click()
    Text1.Text = " "
    Label4.Caption = " "
    Label5.Caption = " "
NSum = 0: PSum = 0
    f = " "
End Sub
Private Sub Command2_Click()
End
End Sub
```

步骤 3：运行程序执行结果如图 2-3-4 所示。

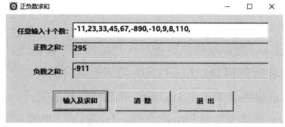

图 2-3-4　求和运算

【案例 2】爱因斯坦走台阶：如果每次走两阶，最后剩一阶；如果每次走三阶，最后剩两阶；如果每次走四阶，最后剩三阶；如果每次走五阶，最后剩四阶；如果每次走六阶，最后剩五阶；如果每次走七阶，刚好走完。求满足上述条件的最小台阶数是多少?

【解析】

步骤 1：根据题意，使用 Do Until 循环语句，条件满足时退出循环，即得到答案。

步骤 2：编写代码实现题意功能。

```
Private Sub Command1_Click()
    n = 1
    Do Until n Mod 2 = 1 And n Mod 3 = 2 And n Mod 4 = 3 And n Mod
5 = 4 And n Mod 6 = 5 And n Mod 7 = 0
        n = n + 1
    Loop
    Label2.Caption = n
End Sub
Private Sub Command2_Click()
    End
End Sub
```

步骤 3：运行程序执行结果如图 2-3-5 所示。

图 2-3-5　爱因斯坦问题

知识测评

一、选择题

1. 下列关于 Do...Loop 循环结构执行循环次数的描述正确的是（　　）。

A. Do While...Loop 循环和 Do...Loop Until 循环至少都执行一次

B. Do While...Loop 循环和 Do...Loop Until 循环可能都不执行

C. Do While...Loop 循环至少执行一次，Do...Loop Until 循环可能不执行

D. Do While...Loop 循环可能不执行，Do...Loop Until 循环至少执行一次

2. 以下（　　）是正确的 For...Next 结构。

A. For x=1 To Step 10
...
Next x

B. For x=3 To -3 Step -3
...
Next x

C. For x=10 To 1
...
Next　x

D. For x=3 to 10 step -3
...
Next x

3. 下列哪个程序段不能分别正确显示 1！、2！、3！、4！的值?（　　）

A. For i=1 to 4
　　n=1
　　For j=1 to i
　　　n=n*j
　　Next j
　　Print n
　　Next i

B. For i=1 to 4
　　For j=1 to i
　　　n=1
　　　n=n*j
　　Next j
　　Print n
　　Next i

C. n=1
　　For j=1 to 4

D. n=1
　　j=1

```
        n=n*j                    Do While j<=4
     Print n                        n=n*j
  Next j                         Print n
                                  j=j+1
                               Loop
```

4. 假设有循环结构：Do 循环体 Loop While< 条件 >，以下叙述中不正确的是（　　）。

A. "条件"可以是关系表达式、逻辑表达式或常数

B. 若"条件"是一个为 0 的常数，则一次也不执行循环体

C. 在循环体中可以使用 Exit Do 语句

D. 如果"条件"总是为 True，则不停地执行循环体

5. 下列程序段运行后输出 a 的值是（　　）。

```
i=4 : a=5
Do
  i=i+1 : a=a+2
Loop Until i>=7
Print"a="; a
```

A. 7　　　　　　　　　　　B. 9

C. 11　　　　　　　　　　 D. 13

二、填空题

1. 执行下面程序后，输出的结果是_____。

```
Private Sub Form_Click()
  a=100
  Do
    s=s+a
    a=a+1
  Loop  Until  a>100
  Print a
End Sub
```

2. 执行下面程序后，输出的结果是_____。

```
Private Sub Command1_Click()
  Dim x As Integer,n As Integer
  x=1
  n=0
  Do While x<20
    x=x*3
```

```
        n=n+1
    Loop
    Print x
    Print n
End Sub
```

3. 二胎政策是中国实行的一种计划生育政策。2016 年，我国全面放开二胎政策。据专家初步预计，每年新增 300 万～ 800 万人。我国现有人口 14 亿，如果按照每年 500 万人口增长，多少年以后我国人口将突破 15 亿?

```
Private  Sub  Command1_Click( )
    s=1400000000
    y=0
    Do  While_____
        y=y+1
        s=_____
    Loop
    Text1.Text=y
End Sub
```

4. 执行下面程序后，x 的最终结果是_____。

```
x=1
Do
    x=x+2
    Print x
Loop Until  x>=7
```

5. 在窗体上画一个名称为 Command1 的命令按钮，然后编写如下事件过程:

```
Private Sub Command1_Click
    Dim a As Integer,s As Integer
    a=8
    s=1
    Do
      s=s + a
      a=a — 1
    Loop Until a > 0
    Print s
End Sub
```

程序运行后，单击命令按钮，输出 s 的值为_____。

三、判断题

1．下面程序执行后，输出 k 的值是 2。（　　）

```
k=1
 Do While k<3
   k=k+1
Loop
    Print  k
```

2．下面程序执行后，输出 x 的值是 11。（　　）

```
x=2
 For k=1 To 4 Step 2
   x=x+k
 Next x
   Print x
```

3．下列循环结构能正常结束循环。（　　）

```
i=10
Do
  i=i + 1
Loop Until i > 0
```

4．设有如下循环结构：

```
Do Until 条件
     循环体
Loop
```

如果"条件"是 True，则不执行循环体。（　　）

5．设有如下循环结构：

```
Do
     循环体
Loop  While 条件
```

如果"条件"是 False，则不执行循环体。（　　）

四、简答题

1．简述 Do Until...Loop 与 Do...Loop Until 的区别。

2．简述 For 循环和 Do 循环的区别。

五、实操题

1．编程求阶乘。

2．编程在窗体输出九九乘法口诀表。

3．编程解决张丘建算经的百钱买鸡问题。（鸡翁一，值钱五；鸡母一，值钱三；鸡雏三，值钱一；百钱买百鸡，问鸡翁、鸡母、鸡雏各几何？）

2.4　单元测试

一、选择题

1. 假定 x 的值为 5，则在执行以下语句时，输出结果为"yes"的语句是（　　）。

A. Select case x
    Case 10　To 1
      Print"yes"
   End select

B. Select case x
      Case　Is>5　,Is <5
        Print"yes"
   End select

C. Select case x
     Case　Is>5,1,3 To 10
       Print"yes"
    End Select

D. Select case x
     Case　Is>5,1,3
       Print"yes"
    End Select

2. 以下描述 Do Until ... Loop 的语句中正确的是（　　）。

A. 如果"条件"是一个为 0 的常数，则一次循环体也不执行

B. 如果"条件"是一个为 0 的常数，则至少执行一次循环体

C. 如果"条件"是一个不为 0 的常数，则至少执行一次循环体

D. 无论条件是否为真，至少执行一次循环体。

3. 设有如下程序段：

```
For  i=1   to   3
  For  j=5  to  1  Step -1
    Print  i*j
  Next  j
  Next  i
```

则程序段中语句 Print i*j 执行次数是（　　）。

A. 1   B. 3

C. 5   D. 15

4. 以下程序段输出结果是（　　）。

```
x=1
y=4
Do Until  y>4
  x=x*y
  y=y+1
```

```
    Loop
    Print x
```

A. 1   B. 4

C. 8   D. 20

5. 如下程序代码执行后依次输入 5、4、3、2、1、-1，则输出 n 值为（　　）。

```
    x=0
    Do Until x=-1
        a=inputBox ("输入 a 的值")
        a=val (a)
        b=inputBox ("输入 b 的值")
        b=val (b)
        x=inputBox ("输入 x 的值")
        x=val (x)
        n=a+b+x
    Loop
    Print n
```

A. 15   B. 14

C. 13   D. 2

二、填空题

1. 执行程序后，输出 x 的值是_____。

```
    x=6
    For  i=2.2  to  3.5  step   0.3
      x=x+1
    Next  i
Print x
```

2. 执行程序后，输出 x 的值是_____。

```
    x=0
    Do While x<=2
      x=x+1
    Loop
Print  x
```

3. 下面程序段执行后能执行循环体的次数是_____。

```
    x=1
    Do
        x=x+2
```

```
        Print   x
    Loop   Until  x>9
```

4. 以下循环执行的次数是_____。

```
    k=0
    Do   While  k<=5
        k=k+1
    Loop
```

5. 以下程序运行输入 2 后，输出的结果是_____。

```
    x=inputBox（" 输入 "）
    Select  case   x
        Case  1,3
            Print "分支1"
        Case  is>5
            Print "分支2"
        Case  else
            Print "分支3"
    End  select
```

6. 用下面程序计算输出 s 的结果是_____。

```
    a=5
    s=0
    Do
        s=s+a*a
        a=a-1
    Loop  Until   a<=0
    Print   s
```

7. 下面程序的执行结果 i 是_____。

```
    a=75
 If   a>90   then
        i=1
    Elseif  a>80   then
        i=2
    Elseif  a>70   then
        i=3
    Elseif  a>60   then
        i=4
```

```
Else
    i=5
End  if
Print   i
```

8. 执行下面程序后，输出的结果是_____。

```
x="ABCD"
For i=1 To 3 Step 1
    a=Right（x,i）
Next i
Print a
```

9. 执行下面程序段后，输出的结果是_____。

```
x=50
    Print  IIF（x>50,x-5,x+50）
```

10. 输入 123 和 456 执行后，下面程序输出的结果是_____。

```
Dim  x  As  Single
Dim  y  As  Single
x=InputBox（"第一个数据","输入数据"）
y=InputBox（"输入第 二个数据","输入数据"）
Print x+y
```

三、判断题

1. 设 x=6，则执行 y=IIf（x>5, 0, −1）后，y 的值是 −1。　　　　（　　）

2. 执行下面的程序段后，x 的值是 24。　　　　（　　）

```
x=3
For  k=1  to  3
      x=x+6
   Next  k
  Print  x
```

3. 以下程序段输出 x 的结果是 18。　　　　（　　）

```
x=3
For  k=3  to  2  step -1
      x=x+5
   Next  k
  Print  x
```

4. 以下程序段输出 x 的结果是 50。　　　　（　　）

```
x=0
```

```
Do While  x<50
   x=(x+2)*(x+3)
   y=y+1
Loop
Print x
```

A）6   B）50   C）2756   D）72

5. 以下程序代码执行后结果是 15。   （　　）

```
Text1.text=""
For i=1 to 5
   sum=sum+i
Next i
Text1.text=sum
```

四、简述题

1. Visual Basic 程序设计结构分为哪几种？

2. 简述 Do while...Loop 与 Do...Loop while 的区别。

五、实操题

1. 编程实现输入 10 个学生的分数，计算并输出及格人数、不及格人数和平均分。

2. 随机数测试，合理编写算法，使得输出为 0 或 1，0 代表反面，1 代表正面，计算出正面和反面的次数。

3. 编程输出 100 ~ 300 的所有素数，要求每行输出 8 个。

单元 3

常用控件应用技巧

导读

Visual Basic 的控件有三种广义分类：第一种是内部控件，即 Visual Basic 工具箱中的控件，里面包含了常见窗体程序所需要的控件，如 Command Button 和 Frame 控件。内部控件总是出现在工具箱中。第二种是 ActiveX 控件，它包含不同版本 Visual Basic 提供的控件和仅在专业版、企业版中提供的控件，并且还包含第三方提供的控件。ActiveX 控件是对 Visual Basic 内置控件的扩充（开发人员可以根据个人需要随意进行扩充），扩充出的 ActiveX 控件将在工具箱中显示。第三种是可插入的对象，例如一个包含公司所有雇员的列表的 Microsoft Excel 工作表对象，或者一个包含某工程计划信息的 Microsoft Project 日历对象。因为这些对象能被添加到工具箱中，可以把它们当作控件使用。而其中一些对象还支持 OLE 自动化，使用这种控件就可在 Visual Basic 应用程序中编程，从而控制另一个应用程序中的对象。本单元将重点介绍 Visual Basic 工具箱中的内部控件。

3.1 标签、文本框和命令按钮控件及应用

学习目标

- 理解标签、文本框和命令按钮的常用属性、方法和事件；
- 掌握标签、文本框和命令按钮的基本用法；
- 熟练编写响应事件过程的代码；
- 实现可视化窗体的设计与应用。

内容梳理

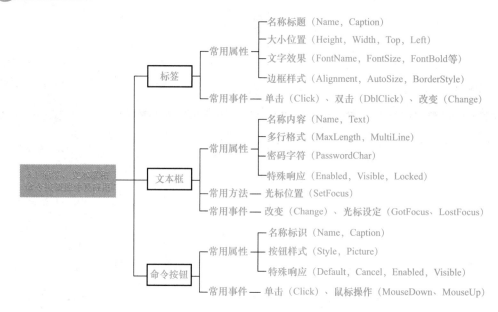

知识概要

1. 控件概述

（1）控件的作用。

控件用来实现用户与计算机之间的交互。通过控件可以访问其他应用程序并处理数据。Visual Basic 属于事件驱动程序，其程序代码大多被写进一个控件的事件中，因此可以说，Visual Basic 程序功能的实现就是窗体中每个控件的属性、方法和事件的实现。

（2）控件的属性、方法和事件。

①属性是指用于描述对象的名称、位置、颜色、字体等特征的一些指标，其可以改变

对象的特性。

属性可以在属性窗口中设置，或在程序代码中设置。在属性窗口中设置比较方便、直观，但是如果需要在程序运行时改变控件属性，就必须在程序代码中对其进行设置。

例如，我们在窗体上添加了一个标签控件，当窗体启动时，若要在标签中显示文本"VB 程序设计"，可以用两种方法完成：①在属性窗口中设置：选中标签，在其属性窗口中将 Caption 属性值设置成"VB 程序设计"；②在 Form_Load 事件过程中写入代码：Label1.Caption="VB 程序设计"。

②方法是指控制对象动作行为的方式，是对象包含的函数或过程。

例：Form1.Hide 表示隐藏窗体 1；Form2.Show 表示显示窗体 2。

③事件是指由系统事先设定的、能被对象识别和响应的动作。

例如，我们在命令按钮上单击了一下鼠标左键，这样就发生了一个命令按钮的"Click"（单击）事件，并执行与其对应的事件过程，这个事件过程的名称为：Command1_Click。

2．标签（Label）

（1）常用属性。

名称标题：Name，Caption；

大小位置：Height，Width，Top，Left；

文字效果：FontName，FontSize，FontBold，FontItalic，FontUnderline；

边框样式：Alignment，AutoSize，BorderStyle。

① Caption 属性：用来设置标签中显示的文本内容。

② Alignment 属性：用来设置标签中文本的对齐方式，值为 0-Left(默认) 表示左对齐，值为 1-Right 表示右对齐，值为 2-Center 表示居中对齐。

③ BorderStyle 属性：用来设置标签的边框，值为 0（默认）表示无边框，值为 1 表示有边框。

（2）常用事件。

Click，DblClick，Change 等。

3．文本框（TextBox）

（1）常用属性。

名称内容：Name，Text；

多行格式：MaxLength，MultiLine；

密码字符：PasswordChar；

特殊响应：Enabled，Visible，Locked。

① Text 属性：用来设置文本框中显示的文本内容。

② MaxLength 属性：用来设置文本框允许输入的最大字符数。

③ PasswordChar 属性：用来设置密码，文本框中输入的所有字符均用字符串中的第

一个字符（如 *）显示。

④ Enabled 属性：用来设置文本框是否可用，值为 True（默认）表示可用，值为 False 表示不可用（灰色）。

（2）常用方法。

SetFocus：将光标置于指定文本框。

例：Text2.SetFocus 表示将光标置于文本框 Text2。

（3）常用事件。

Click，DblClick，Change，KeyPress，GotFocus，LostFocus 等。

① Change：用户在文本框中输入字符时发生。

② KeyPress：用户按下键盘并释放时发生。

③ GotFocus：文本框获得光标时发生。

④ LostFocus：文本框失去光标时发生。

4. 命令按钮（CommandButton）

（1）常用属性。

名称标识：Name，Caption；

按钮样式：Style，Picture；

特殊响应：Default，Cancel，Enabled，Visible。

① Caption 属性：用来设置命令按钮的标识。如果在某个字符前加上"&"，则该字符在程序运行时带有下划线，表示该字符为此命令按钮的快捷键。

② Default 属性：用来设置"Enter"键的功能，值为 True 表示按"Enter"键相当于用鼠标单击该命令按钮，同一窗体中当某个按钮的值为 True 时，其他按钮的值均为 False。

③ Cancel 属性：用来设置"Esc"键的功能，值为 True 表示按"Esc"键相当于鼠标单击该命令按钮，同一窗体中当某个按钮的值为 True 时，其他按钮的值均为 False。

④ Style 属性：用来设置命令按钮的样式，值为 0（默认）表示标准样式，值为 1 则表示图形样式。

⑤ Picture 属性：用来设置命令按钮的图形样式（Style 属性值应设为 1）。

（2）常用事件。

Click，MouseDown，MouseUp 等。

应知应会

1. 标签

（1）作用：可以显示（输出）文本，但不能输入和编辑文本区域（只读），常常作为标题和结果的显示。

（2）特点：如果要在标签中同时显示 2 行以上的字符串，可以用两种方法来实现：①在 2 个字符串之间加上 chr$（13）+chr$（10）（回车换行）控制码，例如：Label1.

Caption="Visual"+chr$（13）+chr$（10）+"Basic"；②在 2 个字符串之间加上 vbCrLf 常量，例如：

Label1.Caption="Visual"+vbCrLf+"Basic"。

2．文本框

（1）作用：既可以输入也可以输出文本，并可以对文本区域进行编辑。

（2）特点：①书写时只有控件名称表示默认使用 Text 属性，例如：Text1.Text="VB 程序设计"可以缩写或 Text1="VB 程序设计"；②多行输入：在输入过程中如果文本超出文本框长度时需要自动换行，应将 MultiLine 属性值设为 True；滚动条：当 MultiLine 属性值为 True 时，可以设置文本框的滚动条属性 ScrollBars，根据设置的值滚动条可以呈现以下四种情况之一：0（无），1（水平），2（垂直），3（水平和垂直）；③文本框光标默认位置在 Text1，切换光标的方法是 Set Focus。

3．命令按钮

（1）作用：按下并释放按钮时执行相应的操作。

（2）特点：Click 事件可以由三种操作触发：①鼠标左键单击命令按钮；②按组合键，如"Alt+S"；③按"Enter"键（应将 Default 属性值设为 True）。

【**案例 1**】在窗体中设计一个标题界面，其控件属性要求见表 3-1-1。

表 3-1-1　标题设计控件属性要求

控件	属性	值
Label1	Name	btsj1
	Caption	计算机类职业技能教程
	FontName	黑体
	FontSize	二号
	FontBold	True
	Alignment	2
	BorderStyle	1
Label2	Name	btsj2
	Caption	机械工业出版社
	FontName	新宋体
	FontSize	三号

标题设计程序的运行结果如图 3-1-1 所示。

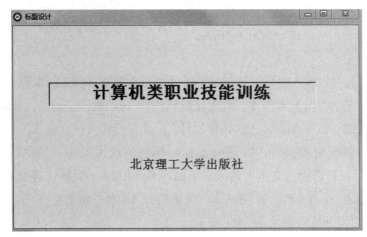

图 3-1-1　标题设计程序的运行结果

【案例 2】在窗体中设计一个登录界面，当文本框 Text2 中输入的字符数达到 8 位时，系统自动弹出"密码提示"消息框，其控件属性要求见表 3-1-2。

表 3-1-2　登录界面控件属性要求

控件	属性	值
Label1	Name	dljmlab1
	Caption	计算机类职业技能考试系统
	FontName	新宋体
	FontSize	三号
	FontBold	True
Label2	Name	dljmlab2
	Caption	用户名：
	FontName	新宋体
	FontSize	四号
Label3	Name	dljmlab3
	Caption	密码：
	FontName	新宋体
	FontSize	四号
Text1	Name	dljmuser
	FontName	新宋体
	FontSize	四号

续表

控件	属性	值
Text1	Text	user01
	Enabled	False
Text2	Name	dljmpass
	FontName	新宋体
	FontSize	四号
	MaxLength	8
	PasswordChar	*
Command1	Name	dljmcmd1
	Caption	登录
	FontName	新宋体
	FontSize	四号
Command2	Name	dljmcmd2
	Caption	退出
	FontName	新宋体
	FontSize	四号

程序运行结果如图 3-1-2 和图 3-1-3 所示。

图 3-1-2　登录界面

图 3-1-3　密码提示

编写如下事件过程：

```
Private Sub dljmpass_Change()
    If Len(Text2.Text)=8 Then MsgBox"密码长度限制8位",0,"密码提示"
End Sub
```

【案例3】在窗体中设计一个挑战答题界面，单击"出题"后，系统在文本框1和文本框2中随机生成0～9中的整数，用户将结果写入文本框3后单击"计算"按钮进行判断，答对则弹出"正确提示"消息框，答错则弹出"错误提示"消息框，所有命令按钮均可使用快捷键。挑战答题控件属性要求见表3-1-3。

表 3-1-3　挑战答题控件属性要求

控件	属性	值
Text1	FontName	新宋体
	FontSize	二号
Text2	FontName	新宋体
	FontSize	二号
Text3	FontName	新宋体
	FontSize	二号
Label1	Caption	+
	FontName	新宋体
	FontSize	四号
	FontBold	True
Label2	Caption	=
	FontName	新宋体
	FontSize	四号
	FontBold	True

续表

控件	属性	值
Command1	Caption	出题 &S
	FontName	新宋体
	FontSize	四号
Command2	Caption	计算 &C
	FontName	新宋体
	FontSize	四号
Command3	Caption	退出 &E
	FontName	新宋体
	FontSize	四号

程序运行结果如图 3-1-4～图 3-1-6 所示。

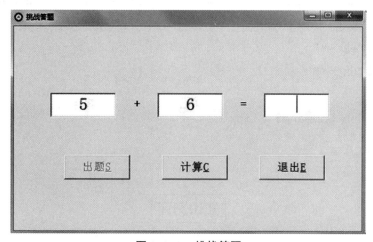

图 3-1-4　挑战答题

图 3-1-5　正确提示

图 3-1-6　错误提示

编写如下事件过程：

```
Dim sum As Integer                          '在通用中声明变量 sum
```

```
Private Sub Command1_Click ( )
    Randomize                               '初始化随机数生成器
    Text1.Text=Int ( Rnd ( ) * 10 )         '随机生成 0~9 之间的整数
    Text2.Text=Int ( Rnd ( ) * 10 )
    sum=Val (Text1.Text) + Val (Text2.Text)  '用 Val 函数实现转换
    Text3.SetFocus                          '将光标置于 Text3
    Command1.Enabled=False                  '使 "出题" 按钮失效
    Command2.Enabled=True                   '使 "计算" 按钮生效
End Sub
Private Sub Command2_Click ( )
    Command2.Enabled=False                  '使 "计算" 按钮失效
    Command1.Enabled=True                   '使 "出题" 按钮生效
    If sum=Val (Text3.Text) Then MsgBox" 答对了 ",0," 正确提示 "
    If sum <> Val (Text3.Text) Then MsgBox" 答错了 ",0," 错误提示 "
    Text1.Text=""
    Text2.Text=""
    Text3.Text=""
End Sub
Private Sub Command3_Click ( )
    End
End Sub
```

知识测评

一、单项选择题

1. Visual Basic 中最基本的对象是（   ），它是应用程序的基石，也是其他控件的容器。

A. 文本框

B. 命令按钮

C. 窗体

D. 标签

2. 当窗体被装入内存时，系统将自动执行（   ）事件过程。

A. Load

B. Click

C. DblClick

D．Change

3．若有程序代码：Text1．Text="Visual Basic"，则 Text1、Text 和 "Visual Basic" 分别代表（　　）。

A．对象，值，属性

B．对象，方法，属性

C．对象，属性，值

D．属性，对象，值

4．不论何控件，共同具有的属性是（　　）。

A．Text

B．Name

C．Caption

D．Fore Color

5．用来设置斜体字的属性是（　　）。

A．Font Name

B．Font Size

C．Font Bold

D．Font Italic

6．若要使标签根据内容自动调整大小，必须设置的属性是（　　）。

A．Auto Size

B．Alignment

C．Border Style

D．Back Color

7．用于设置文本框中显示的字符的属性是（　　）。

A．Max Length

B．Multi Line

C．Password Char

D．Border Style

8．若要使文本框显示滚动条，必须要设置的属性是（　　）。

A．Max Length

B．Multi Line

C．Alignment

D．Scroll Bars

9．可将文本框中的内容清空的语句是（　　）。

A．Text1．text=" "

B．Text1．SetFocus

C．Text1．clear

D．Text1．cls

10．若要使命令按钮不响应事件，必须要设置的属性是（　　）。

A．Enabled

B．Visible

C．Default

D．Locked

二、判断题

1．一个工程只能有一个窗体。（　　）

2．所有控件在程序运行之后都是可见的。（　　）

3．在标签和文本框中都可以输入文本。（　　）

4．文本框没有 Caption 属性。（　　）

5．命令按钮没有 DblClick 事件。（　　）

三、填空题

1．窗体的＿＿＿＿＿＿＿＿＿属性只能在属性窗口中设置。

2．用来设置标签内容的属性是＿＿＿＿＿＿＿＿。

3．若文本框有边框，需将 BorderStyle 属性值设置为＿＿＿＿＿＿＿＿。

4．文本框获得光标的方法是＿＿＿＿＿＿＿＿。

5．当命令按钮的 Enabled 属性值为＿＿＿＿＿＿＿＿时，表示该按钮可响应事件。

四、简答题

1．Name 属性和 Caption 属性有什么区别？

2．标签和文本框有什么区别？

五、实操题

1．设计一个简易电子时钟，单击分行显示系统日期和时间，效果如图 3-1-7 所示。

图 3-1-7　电子时钟显示效果

2．设计一个密码校验程序，要求：如果输入密码正确，则弹出消息框"欢迎使用技能考试系统!",如果输入的密码错误,则提示"密码错误,请重新输入:",连续三次错误后会被强制退出程序,效果如图 3-1-8 ～图 3-1-10 所示。

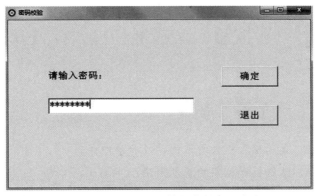

图 3-1-8 输入密码

图 3-1-9 密码错误提示

图 3-1-10 密码正确

3.2 单选按钮、复选框和框架控件及应用

学习目标

● 理解单选按钮、复选框和框架的常用属性和事件；

● 掌握单选按钮、复选框和框架的基本用法；

● 熟练编写响应事件过程的代码；

● 实现可视化窗体的设计与应用。

内容梳理

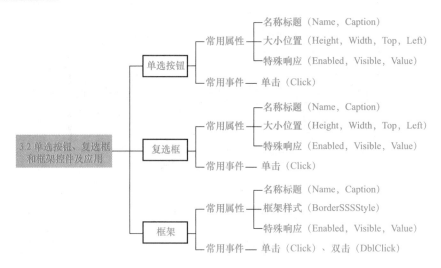

知识概要

1. 单选按钮（OptionButton）

（1）常用属性。

名称标题：Name，Caption；

大小位置：Height，Width，Top，Left；

特殊响应：Enabled，Visible，Value。

① Caption 属性：用来设置单选按钮所表示的选择项的内容。

② Value 属性：用来返回或设置单选按钮的状态，值为 False（默认）表示未选中，值为 True 表示选中。

（2）常用事件。

Click 等。

2.　复选框（CheckBox）

（1）常用属性。

名称标题：Name，Caption；

大小位置：Height，Width，Top，Left；

特殊响应：Enabled，Visible，Value。

① Caption 属性：用来设置复选框所表示的选择项的内容。

② Value 属性：用来返回或设置复选框的状态，值为 0（默认）表示未选中，值为 1 表示选中，值为 2 表示不可用（灰色）。

（2）常用事件。

Click 等。

3.　框架（Frame）

（1）常用属性。

名称标题：Name，Caption；

框架样式：BorderStyle；

特殊响应：Enabled，Visible，Value。

① Caption 属性：用来显示框架内容的标题。

② BorderStyle 属性：用来设置框架是否有边线。

（2）常用事件。

Click，DblClick 等。

应知应会

1.　单选按钮

（1）作用：给用户提供一组选项，让用户只能在该组选项中选择一项。

（2）特点：①当选中某一项时，该单选按钮的圆圈内将显示一个黑点表示选中；同时，其他单选按钮中的黑点将消失，以表示未选中；②单选按钮的 Value 属性不需要在属性窗口中设置，程序运行时系统会自动将单选按钮组中的第一个单选按钮的 Value 属性值设为 True，即默认选中第一个单选按钮。

2.　复选框

（1）作用：提供给用户一组选项，用户可在该组选项中同时选中多项。

（2）特点：①当选中某一项时，该复选框的方框内将显示"√"来表示选中；②在一组复选框中，既可以同时选择多个选项，也可以一个都不选。

3.　框架

（1）作用：将窗体中相同性质的控件进行分组。

（2）特点：①窗体中的控件不能被拖动到框架中，必须将控件从工具箱中直接添加到框架中；②框架中的控件会随着框架移动。

【案例1】　在窗体中设计一个改变文字大小的界面，其控件属性要求见表 3-2-1。

表 3-2-1　改变文字大小的控件属性要求

控件	属性	值
Text 1	Text	字的大小变化
	FontSize	五号
	AlignMent	2
Option1	Caption	20
	FontName	新宋体
	FontSize	四号
Option2	Caption	30
	FontName	新宋体
	FontSize	四号
Option3	Caption	40
	FontName	新宋体
	FontSize	四号

程序运行结果如图 3-2-1 所示。

图 3-2-1　改变文字大小

编写如下事件过程：

```
Private Sub Option1_Click()
    Text1.FontSize=20
End Sub
Private Sub Option2_Click()
```

```
    Text1.FontSize=30
End Sub
Private Sub Option3_Click()
    Text1.FontSize=40
End Sub
```

【案例 2】在窗体中设计一个改变文字样式的界面，其控件属性要求见表 3-2-2。

表 3-2-2　改变文字样式的控件属性要求

控件	属性	值
Text1	Text	字的样式变化
	FontName	新宋体
	FontSize	小初
	AlignMent	2
Check1	Caption	粗体
	FontName	新宋体
	FontSize	四号
Check2	Caption	倾斜
	FontName	新宋体
	FontSize	四号
Check3	Caption	下划线
	FontName	新宋体
	FontSize	四号

程序运行结果如图 3-2-2 所示。

图 3-2-2　改变文字样式

编写如下事件过程：

```
Private Sub Check1_Click()
    If Check1.Value=0 Then Text1.FontBold=False
    If Check1.Value=1 Then Text1.FontBold=True
```

```
End Sub
Private Sub Check2_Click()
  If Check2.Value=0 Then Text1.FontItalic=False
  If Check2.Value=1 Then Text1.FontItalic=True
End Sub
Private Sub Check3_Click()
  If Check3.Value=0 Then Text1.FontUnderline=False
  If Check3.Value=1 Then Text1.FontUnderline=True
End Sub
```

【案例 3】在窗体中设计一个文字效果界面，其控件属性要求见表 3-2-3。

表 3-2-3　文字效果的控件属性要求

控件	属性	值
Label1	Caption	Visual Basic 语言程序设计
	FontName	新宋体
	FontSize	四号
	BorderStyle	1
	AlignMent	2
Frame1	Caption	文字效果
	FontSize	五号
Frame2	Caption	字体
	FontSize	五号
Frame3	Caption	字号
	FontSize	五号
Frame4	Caption	字形
	FontSize	五号
Option1	Caption	宋体
Option2	Caption	楷体
Option3	Caption	黑体
Option4	Caption	10
Option5	Caption	20
Option6	Caption	30
Check1	Caption	粗体
Check2	Caption	倾斜
Check3	Caption	下划线

程序运行结果如图 3-2-3 所示。

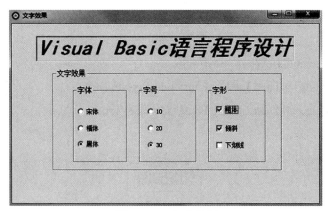

图 3-2-3 文字效果

编写如下事件过程：

```
Private Sub Option1_Click ( )
    Label1.FontName=" 宋体 "
End Sub
Private Sub Option2_Click ( )
    Label1.FontName=" 楷体 "
End Sub
Private Sub Option3_Click ( )
    Label1.FontName=" 黑体 "
End Sub
Private Sub Option4_Click ( )
    Label1.FontSize=10
End Sub
Private Sub Option5_Click ( )
    Label1.FontSize=20
End Sub
Private Sub Option6_Click ( )
    Label1.FontSize=30
End Sub
Private Sub Check1_Click ( )
    If Check1.Value=0 Then Label1.FontBold=False
    If Check1.Value=1 Then Label1.FontBold=True
End Sub
Private Sub Check2_Click ( )
    If Check2.Value=0 Then Label1.FontItalic=False
```

```
    If Check2.Value=1 Then Label1.FontItalic=True
End Sub
Private Sub Check3_Click（）
    If Check3.Value=0 Then Label1.FontUnderline=False
    If Check3.Value=1 Then Label1.FontUnderline=True
End Sub
```

一、填空题

1. 单选按钮的重要属性 Value 的数据类型是_____，选中时值为_____，未选中时值为_____。

2. 复选框的重要属性 Value 的数据类型是_____，选中时值为_____，未选中时值为_____，不可用时值为_____。

3. 框架的_____属性用来设置边线。

二、简答题

1. 单选按钮和复选框有什么区别？

2. 框架的作用是什么？

三、实操题

设计一个个人信息界面，单击"确定"按钮，文本框显示所有选中内容，效果如图 3-2-4 所示。

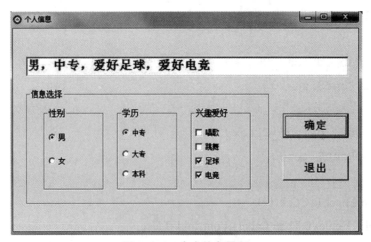

图 3-2-4　个人信息界面

3.3 计时器和滚动条控件及应用

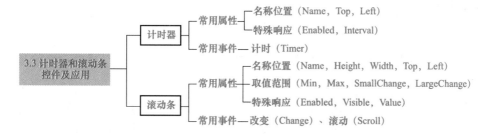 **学习目标**

- 理解计时器和滚动条的常用属性和事件；
- 掌握计时器和滚动条的基本用法；
- 熟练编写响应事件过程的代码；
- 实现可视化窗体的设计与应用。

内容梳理

知识概要

1. 计时器（Timer）

（1）常用属性。

名称位置：Name，Top，Left；

特殊响应：Enabled，Interval。

① Enabled 属性：用来确定计时器能否对事件作出响应，值为 True（默认）表示响应，值为 False 表示不响应。

② Interval 属性：是计时器的重要属性，用来设置计时器触发事件的周期，当 Interval 属性值为 1000 时，表示每秒发生一次计时器事件。

（2）常用事件。

Timer 事件。

2. 滚动条（水平滚动条 HScrollBar 和垂直滚动条 VScrollBar）

（1）常用属性。

名称位置：Name，Height，Width，Top，Left；

121

取值范围：Min，Max，SmallChange，LargeChange；

特殊响应：Enabled，Visible，Value。

① Min 属性：滚动条的最小值，取值范围为 –32768 ～ 32767，默认值为 0。

② Max 属性：滚动条的最大值，取值范围为 –32768 ～ 32767，默认值为 32767。

③ Value 属性：用来表示当前滑块在滚动条上的位置，其值介于 Mix 和 Max 之间。

④ SmallChange 属性：用来表示当用户单击滚动条两端箭头时，滑块移动增加或减少的增量值。

⑤ LargeChange 属性：用来表示用户单击滚动条的空白处时，滑块移动增加或减少的增量值。

（2）常用事件。

Change，Scroll 等。

① Change：当滚动条的 Value 值改变时会被触发。

② Scroll：当拖动滚动条的滑块时会被触发。

应知应会

1．计时器

（1）作用：利用系统内部的计时器定制时间间隔，每隔一段时间便会通过触发 Timer 事件有规律地执行一次 Timer 事件下的代码。

（2）特点：①计时器只在设计时可见，在运行时不可见；② Interval 属性的取值范围为 0 ～ 65535 毫秒，所以最长时间间隔大约为 1 分 5 秒。如果希望每秒执行一次 Timer 事件，可以将 Interval 的属性值设为 1000。

2．滚动条

（1）作用：当项目列表很长或信息量很大时，滚动条附在窗口上帮助观察数据或定位位置。

（2）特点：①滚动条分为水平滚动条（默认名称为 HScroll）和垂直滚动条（默认名称 VScroll）；②通常情况下，滚动条的 Max 值要大于 Min 值。

【案例 1】在窗体中设计一个 10 秒跨年倒计时程序，其控件属性要求见表 3-3-1。

表 3-3-1　倒计时程序的控件属性要求

控件	属性	值
Label1	Caption	跨年倒计时：
	FontName	新宋体

续表

控件	属性	值
Label1	FontSize	二号
	FontBold	True
Label2	Caption	10
	FontName	新宋体
	FontSize	一号
Timer1	Interval	1000
	Enabled	False
Command1	Caption	开始
	FontName	新宋体
	FontSize	四号

程序运行结果如图 3-3-1 和图 3-3-2 所示。

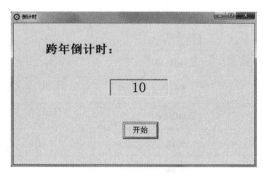

图 3-3-1　倒计时开始

图 3-3-2　倒计时结束

编写如下事件过程：

```
Private Sub Command1_Click()
    Timer1.Enabled=True                    '计时器生效
    Command1.Enabled=False                 '命令按钮失效
End Sub
```

```
Private Sub Timer1_Timer ( )
    Label2.Caption=Label2.Caption-1 '标签中的数字从10递减至0,每秒变化
                                                              一次
    If Label2.Caption=0 Then Timer1.Enabled=False '数字为0时计时器
                                                              失效
    If Label2.Caption=0 Then Command1.Enabled=True' 数字为0时命令按钮生效
    If Label2.Caption=0 Then MsgBox" 新年快乐！",0," 来自系统的消息"
End Sub
```

【案例2】在窗体中设计一个通过滚动条改变文字大小的界面,其控件属性要求见表 3-3-2。

表 3-3-2　滚动改变文字大小的控件属性要求

控件	属性	值
Label1	Caption	单击滚动条改变文字大小
	FontName	新宋体
	FontSize	四号
	FontBold	True
Text1	Text	Visual Basic 语言程序设计
	FontSize	10
HScroll1	Min	10
	Max	20
	Value	10

程序运行结果如图 3-3-3 所示。

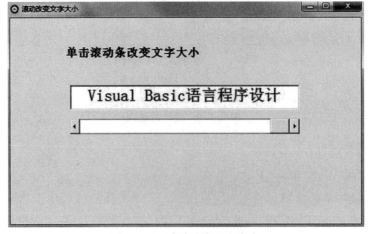

图 3-3-3　滚动改变文字大小

编写如下事件过程：

```
Private Sub HScroll1_Change ( )
   Text1.FontSize=HScroll1.Value
End Sub
```

知识测评

一、单项选择题

1. 若要将计时器的时间间隔设置为 1 秒，应将计时器的 Interval 属性值设为（　　）。

A. 1

B. 10

C. 100

D. 1000

2. 若要关闭计时器，应将计时器的（　　）属性值设为 False。

A. Enabled

B. Interval

C. Value

D. Timer

3. 下列名称中（　　）是指水平滚动条。

A. HScroll

B. VScroll

C. Scroll

D. List

二、填空题

1. 计时器控件可识别的事件是_____，发生该事件的时间间隔是由_____属性来设置，其单位是_____。

2. 滚动条的 Mix 属性默认值为_____，Max 属性默认值为_____。

3. 单击滚动条两端箭头时，若要使滑块移动时增加或减少的值变大，需要通过滚动条_____的属性来进行设置。

三、简答题

1. 计时器的作用和特点分别是什么？

2. 滚动条有哪几种类型？其最重要的属性和事件是什么？

四、实操题

1. 设计一个交通信号灯，要求待系统启动后，每隔 1 秒钟按顺序切换红、黄、绿三色信号灯，效果如图 3-3-4 和图 3-3-5 所示（Shape 控件：用来创建形状的控件，通过设置其 Shape 属性，可以创建不同形状的图形：0- 矩形，1- 正方形，2- 椭圆形，3- 圆形）。

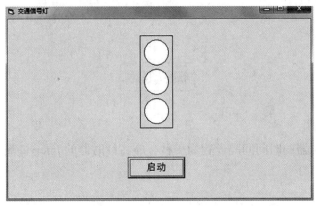

图 3-3-4　交通信号灯启动前

2. 设计一个颜色渐变程序，单击滚动条图片框显示由浅到深的绿色背景，效果如图 3-3-6 所示（RGB（255，255，255）表示白色，RGB（0，0，0）表示黑色）。

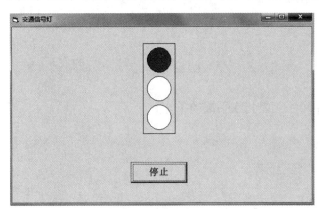

图 3-3-5　交通信号灯启动后

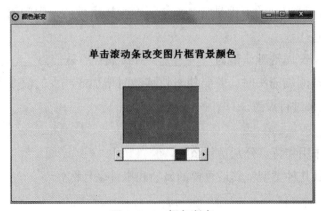

图 3-3-6　颜色渐变

3.4 列表框和组合框控件及应用

学习目标

- 理解列表框和组合框的常用属性、方法和事件；
- 掌握列表框和组合框的基本用法；
- 熟练编写响应事件过程的代码；
- 实现可视化窗体的设计与应用。

内容梳理

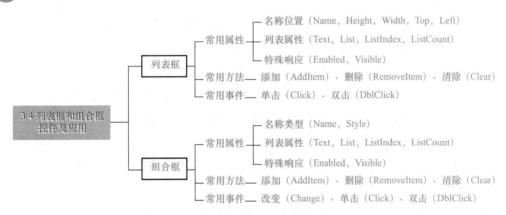

知识概要

1. 列表框（ListBox）

（1）常用属性。

名称位置：Name，Height，Width，Top，Left；

列表属性：Text，List，ListIndex，ListCount；

特殊响应：Enabled，Visible。

① Text 属性：返回当前选中项目的文本内容。

② List 属性：返回或设置某一项目的文本内容，例如：若要将列表中第 3 项的文本内容设置为"广州"，则需在相应的事件过程中写入代码：List1.List（2）="广州"（下标值从 0 开始）。

③ ListIndex 属性：返回已选中项目的位置（下标值从 0 开始），属性值为数值型，未

选中时的默认值为 –1。

④ ListCount 属性：返回列表框中项目的数量，属性值为数值型。

（2）常用方法。

AddItem，Remove Item，Clear 等。

① AddItem：在列表框中添加一行文本。

② Remove Item：在列表框中删除一行文本。

③ Clear：清除列表框中的所有内容。

（3）常用事件。

Click，DblClick 等。

2. 组合框（ComboBox）

（1）常用属性。

名称类型：Name，Style；

列表属性：Text，List，ListIndex，ListCount；

特殊响应：Enabled，Visible。

① Style 属性：用来表示组合框的类型，值为 0 时表示"下拉式组合框"，值为 1 时表示"简单组合框"，值为 2 时表示"下拉式列表框"。

② Text 属性：返回当前选中项目的文本内容。

③ List 属性：返回或设置某一项目的文本内容，例如：若要将列表中第 3 项的文本内容设置为"上海"，则需在相应的事件过程中写入代码：List1.List（2）="上海"（下标值从 0 开始）。

④ ListIndex 属性：返回当前选中项目的位置（下标值从 0 开始），属性值为数值型，未选中时默认值为 –1。

⑤ ListCount 属性：返回组合框中项目的数量，属性值为数值型。

（2）常用方法。

AddItem，RemoveItem，Clear 等。

① AddItem：在组合框中添加一行文本。

② RemoveItem：在组合框中删除一行文本。

③ Clear：清除组合框中的所有内容。

（3）常用事件。

Change，Click，DblClick 等。

✓ 应知应会

1. 列表框

（1）作用：显示项目列表，即用户可以从列表中选择一项或多项。

（2）特点：当项目总数超过列表框可显示的项目数时，系统会在列表框中自动添加滚动条。

2. 组合框

（1）作用：将文本框和列表框组合成一个控件，用户可以直接从组合框中选定项目，也可以在文本框中输入文本来选定项目。

（2）特点：①组合框有三种类型：下拉式组合框、简单组合框和下拉式列表框；②组合框事件依赖于 Style 属性值，只有"简单组合框"（Style 属性值为 1）才能响应 Dbl Click 事件。

【案例 1】在窗体中设计一个选课程序，其控件属性要求见表 3-4-1。

表 3-4-1　选课程序的控件属性要求

控件	属性	值
List1	FontSize	五号
List2	FontSize	五号
Command1	Caption	选课
	FontName	新宋体
	FontSize	四号

程序运行结果如图 3-4-1 和图 3-4-2 所示。

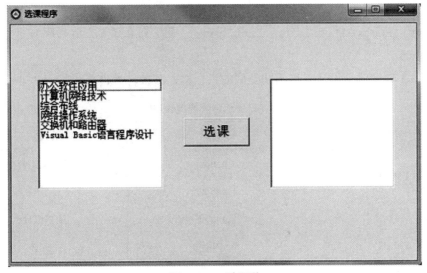

图 3-4-1　选课前

129

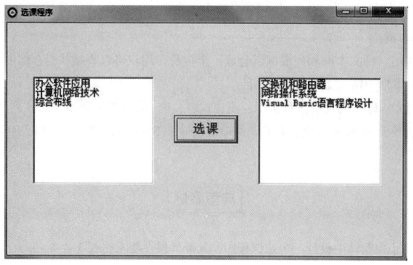

图 3-4-2　选课后

编写如下事件过程：

```
Private Sub Form_Load( )
    List1.AddItem" 办公软件应用 "
    List1.AddItem" 计算机网络技术 "
    List1.AddItem" 综合布线 "
    List1.AddItem" 网络操作系统 "
    List1.AddItem" 交换机和路由器 "
    List1.AddItem"Visual Basic 语言程序设计 "
End Sub
Private Sub Command1_Click( )
    List2.AddItem List1.Text          ' 将列表框 1 当前项目的内容添加到列表框 2
    List1.RemoveItem List1.ListIndex  ' 删除列表框 1 当前项目
End Sub
```

【案例 2】在窗体中设计三种不同类型的组合框，其控件属性要求见表 3-4-2。

表 3-4-2　三类组合框的控件属性要求

控件	属性	值
Label1	Caption	下拉式组合框
	FontSize	五号
Label2	Caption	简单组合框
	FontName	宋体
	FontSize	五号

控件	属性	值
Label3	Caption	下拉式列表框
	FontSize	五号
Combo1	Text	福建省
	Style	0
Combo2	Text	福建省
	Style	1
Combo3	Style	2

程序运行结果如图 3-4-3 所示。

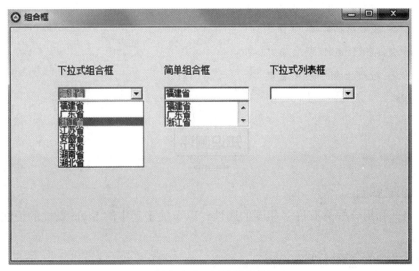

图 3-4-3　三类组合框

编写如下事件过程：

```
Private Sub Form_Load()
    Combo1.AddItem" 福建省 "
    Combo1.AddItem" 广东省 "
    Combo1.AddItem" 浙江省 "
    Combo1.AddItem" 江苏省 "
    Combo1.AddItem" 安徽省 "
    Combo1.AddItem" 江西省 "
    Combo1.AddItem" 湖南省 "
    Combo1.AddItem" 湖北省 "
    Combo2.AddItem" 福建省 "
```

```
Combo2.AddItem" 广东省 "
Combo2.AddItem" 浙江省 "
Combo2.AddItem" 江苏省 "
Combo2.AddItem" 安徽省 "
Combo2.AddItem" 江西省 "
Combo2.AddItem" 湖南省 "
Combo2.AddItem" 湖北省 "
Combo3.AddItem" 福建省 "
Combo3.AddItem" 广东省 "
Combo3.AddItem" 浙江省 "
Combo3.AddItem" 江苏省 "
Combo3.AddItem" 安徽省 "
Combo3.AddItem" 江西省 "
Combo3.AddItem" 湖南省 "
Combo3.AddItem" 湖北省 "
End Sub
```

知识测评

一、单项选择题

1. 列表框和组合框具有许多相同的属性，以下关于其中的 Style 属性的说法中正确的是（   ）。

    A. 列表框和组合框均有该属性，且含义一样

    B. 列表框具有该属性，组合框不具有该属性

    C. 列表框不具有该属性，组合框具有该属性

    D. 列表框和组合框均有该属性，但含义不一样

2. 下列关于组合框的说法错误的是（   ）。

    A. 组合框 Style 属性值为 0 时表示"下拉式组合框"

    B. 组合框 Style 属性值为 1 时表示"简单组合框"

    C. 组合框 Style 属性值为 2 时表示"下拉式列表框"

    D. 组合框 Style 属性值为 3 时表示"列表组合框"

3. 若要在窗体上显示列表框中当前选中项目的文本内容，应设置的代码是（   ）。

    A. Form1.Print List1.List   B. Form1.Print List1.Text

    C. Form1.Print List1.Index   D. Form1.Print List1.ListIndex

4. 若要在窗体上显示列表框中当前选中项目的序号，应设置的代码是（   ）。

A．Form1.Print List1.List　　　　　B．Form1.Print List1.Text

C．Form1.Print List1.Index　　　　D．Form1.Print List1.ListIndex

5．若要清除列表框中的所有项目，应设置的代码是（　　）。

A．List1.AddItem　　　　　　　B．List1.RemoveItem

C．List1.Clear　　　　　　　　D．List1.Cls

二、简答题

1．列表框 List 属性的下标值是如何规定的？

2．组合框有哪几种类型？

三、实操题

1．设计一个文明城市评选程序，鼠标左键单击"＞"和"＜"可以实现左右框中当前选中项目文本内容的反向传输，鼠标左键单击"＞＞"和"＜＜"可以实现左右框列表项所有文本内容的反向传输，效果如图 3-4-4 和图 3-4-5 所示。

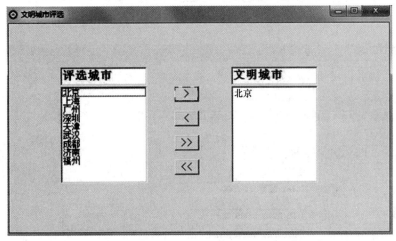

图 3-4-4　单击"＞"

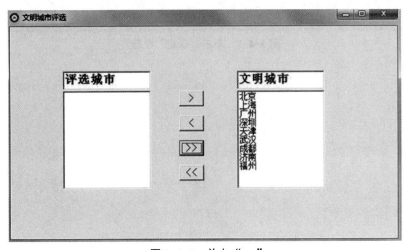

图 3-4-5　单击"＞＞"

2. 设计一个产品型号选择程序，效果如图 3-4-6 和图 3-4-7 所示。

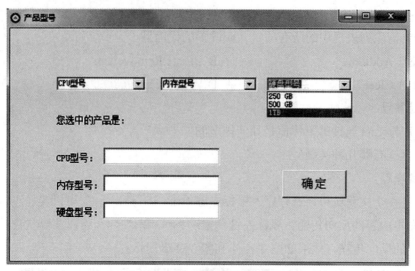

图 3-4-6 产品型号选择

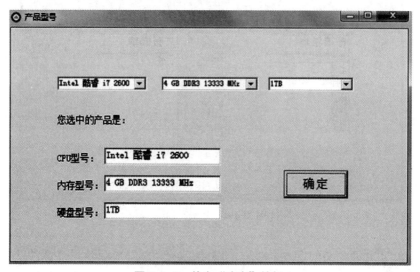

图 3-4-7 单击"确定"按钮

3.5 图片框和图像框控件及应用

 学习目标

● 理解图片框和图像框的常用属性、方法和事件；

● 掌握图片框和图像框的基本用法；

● 熟练编写响应事件过程的代码；

● 实现可视化窗体的设计与应用。

内容梳理

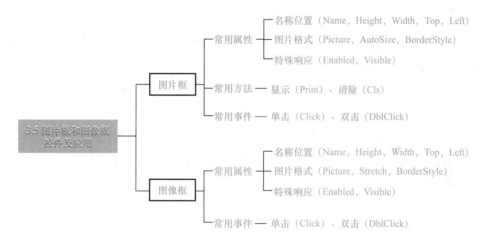

知识概要

1.图片框（PictureBox）

（1）常用属性。

◆名称位置：Name，Height，Width，Top，Left。

◆图片格式：Picture，AutoSize ，BorderStyle。

◆特殊响应：Enabled，Visible。

①Picture 属性：用来装入图形文件，可以在属性窗口中设置，也可以在运行时用函数来装入图形文件。例如：

Picture1.Picture=LoadPicture（"D：\Picture\vb.jpg"）表示装入图形。

Picture1.Picture=LoadPicture（""）表示清除图形。

② AutoSize 属性：用来自动调整图片框大小，显示图形的全部内容。

③ BorderStyle 属性：设置图片框的边框样式，值为 0 表示无边框，值为 1 表示有边框。

（2）常用方法。

Print，Cls 等。

① Print：用来在图片框中显示文本内容，例如：若要在图片框中显示文本内容"这是一个图片框"，则需在相应的事件过程中写入代码：Picture1.Print "这是一个图片框"。

② Cls：清除图片框中用 Print 方法显示的文本。

（3）常用事件。

Click，DblClick 等。

2. 图像框（Image）

（1）常用属性。

名称位置：Name，Height，Width，Top，Left；

图像格式：Picture，Stretch，BorderStyle；

特殊响应：Enabled，Visible。

① Picture 属性：用来装入图形文件，可以在属性窗口中设置，也可以在运行时用函数来装入图形文件。例如：

Image1.Picture=LoadPicture（"D：\Picture\vb.jpg"）表示装入图形。

Image1.Picture=LoadPicture（""）表示清除图形。

② Stretch 属性：用来自动调整图形大小，使图形大小与图像框大小相适应。

③ BorderStyle 属性：设置图片框的边框样式，值为 0 表示无边框，值为 1 表示有边框。

（2）常用事件。

Click，DblClick 等。

应知应会

1. 图片框

（1）作用：显示 bmp、ico、emf、jpg、gif 等格式的图形文件。

（2）特点：①除了可显示图形外，还可以作为其他控件的容器；②可以根据图形大小自动调整图片框大小（设置 AutoSize 属性）；③可以使用 Print 方法。

2. 图像框

（1）作用：显示 bmp、ico、emf、jpg、gif 等格式的图形文件。

（2）特点：①只能显示图形，不能作为其他控件的容器；②可以根据图像框大小自动调整图形大小（设置 Stretch 属性）；③不可以使用 Print 方法；④占用内存少，显示速度快。

【案例 1】在窗体中显示一张图片，单击图片框后，其中显示"这是我的第一张 VB 图片！"，控件属性要求见表 3-5-1。

表 3-5-1　显示图片控件属性要求

控件	属性	值
Picture1	FontName	新宋体
	FontSize	四号
	AutoSize	True

程序运行结果如图 3-5-1 所示。

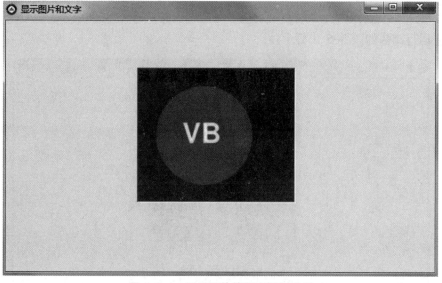

图 3-5-1　显示图片的程序运行结果

编写如下事件过程：

```
Private Sub Form_Load()
    Picture1.Picture=LoadPicture("D: \picture\vb.jpg")
End Sub
Private Sub Picture1_Click()
    Picture1.Print" 这是我的第一张 VB 图片！"
End Sub
```

【案例 2】在窗体中设计一个图像切换程序，单击"切换"可以实现三张图像之间的切换，控件属性要求见表 3-5-2。

表 3-5-2　图像切换控件属性要求

控件	属性	值
Image1	BorderStyle	1
	Stretch	True
	Visible	True
Image2	BorderStyle	1
	Stretch	True
	Visible	False
Image3	BorderStyle	1
	Stretch	True
	Visible	False
Command1	Caption	切换
	FontName	新宋体
	FontSize	四号

程序运行结果如图 3-5-2 所示。

图 3-5-2　图像切换的程序运行结果

编写如下事件过程：

```
Private Sub Form_Load()
    Image1.Picture=LoadPicture("D:\picture\vb1.jpg")
    Image2.Picture=LoadPicture("D:\picture\vb2.jpg")
    Image3.Picture=LoadPicture("D:\picture\vb3.jpg")
End Sub
Private Sub Command1_Click()
```

```
Static n As Integer
n =n+1
Select Case n
  Case 1
    Image1.Visible=True '显示图像 1
    Image2.Visible=False
    Image3.Visible=False
  Case 2
    Image2.Visible=True '显示图像 2
    Image1.Visible=False
    Image3.Visible=False
  Case 3
    Image3.Visible=True '显示图像 3
    Image1.Visible=False
    Image2.Visible=False
    n =0
  End Select
End Sub
```

知识测评

一、填空题

1. 若要在图片框中装入一个图形文件，应使用的语句是_____。

2. 若图片框中已装入一个图形文件，要清除该图形应使用的语句是_____。

3. 为了能够根据图形大小自动调整图片框大小，应该把图片框的_____属性设置成_____。

4. 为了能够自动放大或缩小图形以适应图像框大小，应该把图像框的_____属性设置成_____。

5. 图片框或图像框内可以显示扩展名为_____、_____、_____的图片。

二、判断题

1. 图片框有 Stretch 属性而图像框没有。   （ ）

2. 图像框内还可包括其他控件。   （ ）

3. 图像框比图片框占内存少，显示速度快。   （ ）

三、简答题

1. 图片框与图像框的区别是什么？

2．AutoSize 属性和 Stretch 属性的区别是什么？

四、实操题

设计一个图片显示和清除程序。要求单击"显示"按钮显示图片框图片，单击"清除"按钮清除图片框图片，效果如图 3-5-3 和图 3-5-4 所示。

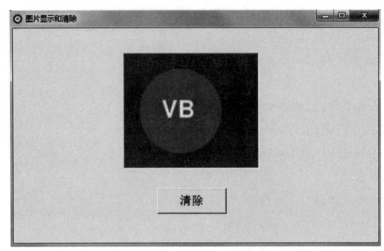

图 3-5-3　单击"显示"按钮效果

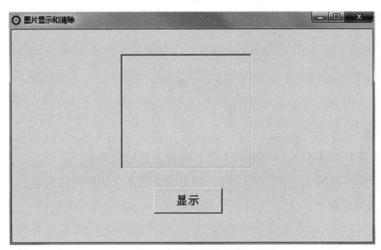

图 3-5-4　单击"清除"按钮效果

3.6 菜单设计及应用

学习目标

- 了解菜单的基本类型；
- 理解菜单的常用属性方法和事件；
- 掌握菜单编辑器的基本用法；
- 熟练设计菜单，编写响应事件过程的代码；
- 实现可视化窗体的设计与应用。

内容梳理

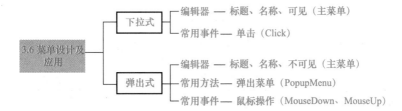

知识概要

1. 菜单的基本类型

（1）下拉式菜单。

（2）弹出式菜单（或称快捷菜单）。

2. 菜单编辑器

（1）进入菜单编辑器的四种方法。

①执行"工具"菜单中的"菜单编辑器"命令。

②使用组合键"Ctrl+E"。

③单击工具栏中的"菜单编辑器"按钮。

④右击窗体，在弹出的快捷菜单中选择"菜单编辑器"命令。

（2）菜单编辑器窗口。

①上部：菜单项属性编辑区，用来设置菜单项的标题、名称、快捷键、可见属性等。

②中部：菜单项编辑按钮，用来移动、插入、删除菜单项。

③下部：菜单项显示区，用来显示菜单结构，包含主菜单和子菜单的名称。

应知应会

1. 菜单的作用

（1）提供人机对话的界面，方便用户选择应用系统的各种功能。

（2）管理应用系统，控制各种功能模块的运行。

2. 菜单的特点

（1）菜单设计时可以分为多个层次（一级菜单、二级菜单……）。

（2）菜单项设计时可以设置相应的快捷键。

（3）下拉式菜单所有的菜单项只能触发 Click 事件。

（4）弹出式菜单通过 MouseDown 和 MouseUp 事件过程调用 PopupMenu 方法来显示快捷菜单。用 PopupMenu 方法显示菜单时，需预先在菜单编辑器中把主菜单项的"可见"属性设置为 False（即把主菜单项"可见"前面方框内的"√"取消）。MouseDown 事件过程通过参数 Button 返回用户点击的鼠标键代号，值为 1 表示点击左键，值为 2 表示点击右键。

【案例 1】设计一个下拉式菜单，控件属性要求见表 3-6-1。

表 3-6-1　下拉式菜单控件属性要求

控件	属性	值
主菜单项 1	标题	字体
	名称	zt
子菜单项 1	标题	宋体
	名称	st
子菜单项 2	标题	楷体
	名称	kt
子菜单项 3	标题	黑体
	名称	ht
主菜单项 2	标题	字号
	名称	zh
子菜单项 1	标题	10
	名称	sih
子菜单项 2	标题	20
	名称	esh
子菜单项 3	标题	30
	名称	ssh

续表

控件	属性	值
Label1	Caption	Visual Basic 语言程序设计
	FontName	新宋体
	FontSize	四号
	Alignment	2

程序运行结果如图 3-6-1 所示。

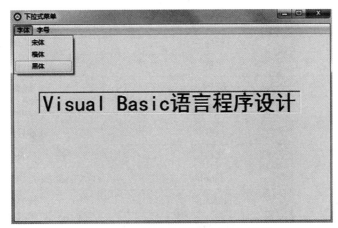

图 3-6-1　下拉式菜单的程序运行结果

编写如下事件过程：

```
Private Sub st_Click()
    Label1.FontName=" 宋体 "
End Sub
Private Sub kt_Click()
    Label1.FontName=" 楷体 "
End Sub
Private Sub ht_Click()
    Label1.FontName=" 黑体 "
End Sub
Private Sub sih_Click()
    Label1.FontSize=10
End Sub
Private Sub esh_Click()
    Label1.FontSize=20
End Sub
Private Sub ssh_Click()
```

```
Label1.FontSize=30
End Sub
```

【案例2】设计一个弹出式菜单，控件属性要求见表3-6-2。

表3-6-2 弹出式菜单控件属性要求

控件	属性	值
主菜单项1	标题	文字样式
	名称	wzys
	可见	False
子菜单项1	标题	粗体
	名称	ct
子菜单项2	标题	倾斜
	名称	qx
子菜单项3	标题	下划线
	名称	xhx
Label1	Caption	Visual Basic 语言程序设计
	FontName	新宋体
	FontSize	三号
	Alignment	2

程序运行结果如图3-6-2所示。

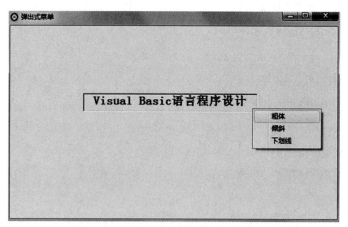

图3-6-2 弹出式菜单的程序运行结果

编写如下事件过程：

```
Private Sub Label1_MouseDown(Button As Integer,Shift As Integer,X
As Single,Y As Single)
    If Button=2 Then PopupMenu wzys          '鼠标按下右键时弹出菜单
End Sub
```

```
Private Sub ct_Click()
    Label1.FontBold=True
End Sub
Private Sub qx_Click()
    Label1.FontItalic=True
End Sub
Private Sub xhx_Click()
    Label1.FontUnderline=True
End Sub
```

一、填空题

1. 菜单分为_____菜单和_____菜单。

2. 下拉式菜单只包含一个 _____事件。

3. 弹出式菜单通过_____和_____事件过程调用_____方法来显示快捷菜单。

4. 设计弹出式菜单时应把主菜单项的"可见"属性设置为_____，即把主菜单项"可见"前面方框内的"√"_____。

5. MouseDown 事件过程通过参数_____返回用户点击的鼠标键代号，值为_____表示点击左键，值为_____表示点击右键。

二、简答题

1. 下拉式菜单与弹出式菜单的区别是什么？

2. 设计弹出式菜单时，MouseDown 事件过程中的参数 Button 表示什么？

三、实操题

设计一个菜单，要求效果如图 3-6-3 所示。

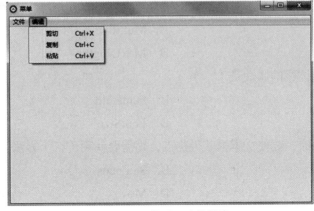

图 3-6-3　菜单设计的效果

3.7 单元测试

一、单项选择题

1. 窗体标题栏显示的内容由窗体的（　　）属性决定。

A. Name   B. Caption

C. BackColor   D. Enabled

2. FontBold 属性用来设置文字是否为粗体，是（　　）。

A. 字符型   B. 逻辑型

C. 整型   D. 数值型

3. 在标签上显示的内容由（　　）属性来实现。

A. Name   B. Caption

C. Text   D. ForeColor

4. 要使标题在标签内居中显示，Alignment 属性的取值应为（　　）。

A. 0   B. 1

C. 2   D. 3

5. 要使标签根据所显示内容自动调整其大小，可以通过将（　　）属性值设置为 True 来实现。

A. AutoSize   B. Alignment

C. Enabled   D. Visible

6. 文本框没有（　　）属性。

A. BackColor   B. Enabled

C. Visible   D. Caption

7. 如果要设置文本框最多可以接收的字符数，则可以使用（　　）属性。

A. Length   B. Multiline

C. Max   D. MaxLength

8. 用来设置斜体字的属性是（　　）。

A. FontItalic   B. FontBold

C. FontName   D. FontSize

9. 在运行程序时，要使文本框获得焦点，则需要使用（　　）方法。

A. Change   B. SetFocus

C. GotFocus   D. Move

10. 下列控件中，有 Stretch 属性的是（　　）。

A．标签
B．文本框

C．图片框
D．图像框

11．命令按钮上的文本内容通过（　　）属性来设置。

A．Text
B．Caption

C．Name
D．Show

12．若要将命令按钮设置为默认选择命令按钮，可以通过设置（　　）属性实现。

A．Value
B．Cancel

C．Default
D．Enabled

13．要使命令按钮失效，则可以通过设置（　　）属性的值为 False 实现。

A．Value
B．Enabled

C．Visible
D．Cancel

14．若要使命令按钮在屏幕上不可见，则可以通过修改（　　）属性实现。

A．Value
B．Enabled

C．Visible
D．Cancel

15．当复选框 Value 的属性值为（　　）时，表示该复选框被选中。

A．0
B．1

C．2
D．3

16．下列控件中，（　　）不能接收 GotFocus 和 LostFocus 事件。

A．命令按钮
B．组合框

C．复选按钮
D．计时器

17．若要得到列表框中项目的数量，可以访问（　　）属性。

A．List
B．ListIndex

C．ListCount
D．Text

18．若要清除列表框的所有项目内容，可以使用（　　）方法。

A．AddItem
B．Remove

C．Clear
D．Print

19．删除列表框中的某一个项目，需要使用（　　）方法。

A．Clear
B．Remove

C．Move
D．RemoveItem

20．在组合框中选中某一项目内容，可以通过（　　）属性获得。

A．List
B．ListIndex

C．ListCount
D．Text

21．若要获得滚动条的当前位置，可以通过访问（　　）属性实现。

A．Value
B．Max

C．Min
D．LargeChange

22．当用鼠标拖动滚动块时可以触发（　　）事件。

A．Move
B．Change

C．Click
D．DblClick

23．计时器的时间间隔可以通过设置（　　）属性来实现。

A．Value
B．Text

C．Max
D．Interval

24．暂时关闭计时器，需设置（　　）属性。

A．Visible
B．Enabled

C．Lock
D．Cancel

25．下列控件中，没有 Caption 属性的是（　　）。

A．框架
B．列表框

C．复选框
D．单选按钮

26．复选框的 Value 属性值为 0 时，表示（　　）。

A．复选框未被选中
B．复选框被选中

C．复选框内有灰色的勾
D．复选框操作有误

27．列表框的（　　）属性是数组。

A．List
B．Text

C．ListIndex
D．ListCount

28．将数据项"上海"添加到列表框 List1 中成为第二项应使用（　　）语句。

A．List1．AddItem"上海"，1

B．List1．AddItem"上海"，2

C．List1．AddItem 1，"上海"

D．List1．AddItem 2，"上海"

29．若要引用列表框 List1 中的最后一个数据项，应使用（　　）语句。

A．List1．List（List1．ListCount）

B．List1．List（ListCount）

C．List1．List（List1．ListCount−1）

D．List1．List（ListCount−1）

30．假如列表框 List1 有四个数据项，如果要把数据项"China"添加到列表框的最后，应使用（　　）语句。

A．List1．AddItem 3，"China"

B．List1．AddItem "China"，List1．ListCount−1

C．List1．AddItem "China"，3

D．List1．AddItem "China"，List1．ListCount

二、判断题

1．窗体的 Load 事件是在窗体加载时发生的。　　　　　　　　　（　　）

2．属性只能在属性窗口中设置。　　　　　　　　　　　　　　　（　　）

3．所有的控件都有 Name 属性。　　　　　　　　　　　　　　　（　　）

4．标签控件显示的内容只能通过 Caption 属性来设置，不能够直接编辑。（　　）

5．文本框控件也有 Caption 属性。　　　　　　　　　　　　　　（　　）

6．命令按钮的 Value 属性值为 True 时，表示按钮被按下了。　　（　　）

7．命令按钮没有 DblClick 事件。　　　　　　　　　　　　　　（　　）

8．计时器只有 Timer 事件。　　　　　　　　　　　　　　　　（　　）

9．图像框可以作为其他控件的容器使用。　　　　　　　　　　　（　　）

10．能将图片框隐藏起来的属性是 Visible。　　　　　　　　　　（　　）

三、填空题

1．在程序中设置窗体 Form1 的 Caption 属性为"控件练习"，使用的赋值语句是_____。

2．在程序中设置窗体 Form1 为隐藏状态的语句是_____，设置窗体 Form2 为显示状态的语句是_____。

3．若要使标签有边框，需设置 BorderStyle 属性的值为_____。

4．在程序运行期间，用户可以用文本框显示或输入信息，文本框接收输入信息的属性是_____。

5．若要使文本框内能够接受多行文本，则要设置 Multiline 属性的值为_____。

6．若要使命令按钮 Command1 重新生效，则使用的赋值语句为_____。

7．若要设置水平或垂直滚动条的最小值，需要设置_____属性。

8．计时器每经过一个由 Interval 属性指定的时间间隔就会触发一次_____事件。

9．若要使计时器每 0.5 秒钟触发一次 Timer 事件，则要把_____属性值设置为_____。

10．若要把图形文件"C:\exam\apple.jpg"装载到图片框 Picture1 上，应使用的语句为_____。

11．若程序中要把一些文本内容输出到图片框，应使用_____方法。

12．当单选按钮的 Value 属性值为_____时，表示该单选按钮处于未选中状态。

13．当复选框的 Value 属性值为_____时，表示该复选框处于选中状态。

14．使用滚动条时，若要设置当用鼠标单击两个滚动箭头之间区域的最大滚动幅度，需要设置_____属性。

15．列表框中项目的序号从_____开始，到_____结束。

16．若要在窗体上显示列表框 List1 中序号为 3 的项目内容，应使用的语句为_____。

17．若要向组合框 Combo2 中添加序号为 5，内容为"计算机网络"的项目，应使用的语句为_____。

18．若要删除组合框 Combo1 中序号为 3 的项目，应使用的语句为_____。

19．下拉式菜单只能响应_____事件。

20．弹出快捷菜单应使用_____方法，MouseDown 事件过程通过参数 Button 返回用户点击的鼠标键代号，当值为_____时表示点击右键。

四、简答题

1．控件的属性、方法和事件分别是什么？

2．能调整控件的大小与位置的属性有哪些？

3．单选按钮和复选框有什么区别？

4．列表框和组合框有什么区别？

5．图片框和图像框有什么区别？

五、实操题

1．设计一个随机抽奖程序，要求效果如图 3-7-1 ～图 3-7-3 所示。

图 3-7-1　抽奖前

图 3-7-2　抽奖中

图 3-7-3　抽奖后

2. 设计一个新生入学登记界面，要求效果如图 3-7-4 ～图 3-7-6 所示。

图 3-7-4　登记前

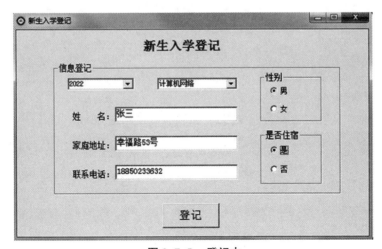

图 3-7-5　登记中

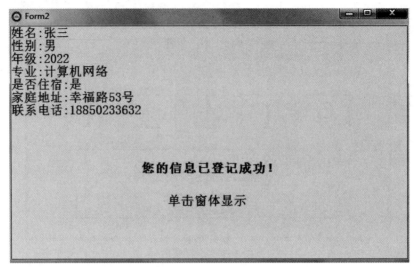

图 3-7-6　登记后

单元 4

数 组

导读

　　无论在面向对象的编程，还是在面向过程的编程中，数组都是常用的数据结构。Visual Basic 中的数组可以由基本的数据类型组成，也可以由对象组成。由基本的数据类型组成的数据在使用时与面向过程的编程方法一致，而由对象组成的数组在使用时要增加一个创建对象的操作，它与面向对象的编程方法一致。数组不是一种数据类型，而是一组有序基本类型变量的集合，数组的使用方法与内存变量相同，但功能远远超过内存变量。数组按照维数的类型分为一维数组、二维数组和多维数组。数组按照元素的类型分为基本数据类型元素的数组、引用数据类型元素的数组。本单元将介绍一维数组、二维数组和控件数组等内容。

4.1 一维数组

学习目标

- 理解数组的基本概念;
- 理解一维数组数据结构;
- 理解并掌握动态数组的应用;
- 熟练掌握数组的声明、定义和赋值方法;
- 熟练掌握一维数组的实践应用;
- 掌握动态数组的实践应用;
- 实现程序化思维和信息化的感悟能力。

内容梳理

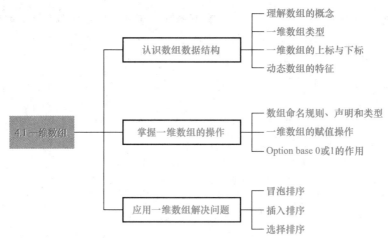

知识概要

1. 数组的概念

数组是一组具有相同类型和名称的变量集合,这些变量称为数组的元素,每个数组元素都有一个编号,这个编号叫作下标。我们可以通过下标来区别这些元素。数组元素的个数有时也称为数组的长度。

一般情况下,数组的元素类型必须相同,可以是前面讲过的各种基本数据类型。但当数组类型被指定为变体型时,它的各个元素就可以是不同类型了。

数组和变量一样，也是有作用域的，按作用域的不同，可以分为过程级数组（或称为局部数组）、模块级数组和全局数组。

2. 一维数组的声明

定长数组的长度是在定义时就确定的，在程序运行过程中是固定不变的。一维数组的声明格式为：

Dim 数组名（[下标 TO]上标)[As 类型名]

其中，数组的下标和类型是可选的。所谓下标和上标，就是数组下标的最小值和最大值。数组下标缺省时，默认是 0。数组的下标可以通过 Option base 0 或 1 来声明，若声明为 1，表示下标从 1 开始。

如果定义数组时不指定其类型，默认是变体型的。

数组元素，即数组中的变量。用下标表示数组中的各个元素。数组元素的下标可以用常数、数值变量、算术表达式甚至下标变量来表示，通常下标值为整数，如果为小数将对下标自动取整。例如，a（3.3）将被视为 a（3），a（−3.7）将被视为 a（−4）。

在 Visual Basic 程序设计中，数组必须先声明后使用，主要声明数组名、类型、维数和数组大小。常见一维数组声明典型案例如下：

（1）Integer 整型声明。

例：Dim a1（1 to 100），a2（100）As Integer

该语句表示声明了两个整型一维数组 a1 和 a2，其中 a1 包含了 100 个元素，数组的下标范围为 1 ~ 100；a2 包含了 101 个元素，数组的下标范围为 0 ~ 100。

（2）String 字符串类型声明。

例：Dim b1（−2 to 5）As String*6

该语句表示声明了一个数组名为 b1 的定长数组，数据类型为字符串类型，包含了 8 个元素，数组的下标范围为 −2 ~ 5，每个元素最多存放 6 个字符。

（3）Variant 变体类型声明。

Variant 数据类型是未明确声明为某一具体类型，它是一个特殊数据类型，它除了包含除固定长度 String 数据以外的任何类型的数据，还可以包含特殊值 Empty、Error、Nothing 和 Null。

例：Dim c1（10）As Variant。

该语句表示声明了一个数组名为 c1 的变体（Variant）型数组，其值可以表示为数字、字符串、数组、对象等各种系统数据类型，而实际值由程序上下文决定。

说明：

（1）在同一过程中，数组名称与变量名称不能重名。

（2）在定义数组时，元素个数必须是常数，不能是变量或表达式。例如，Dim A（i）或 Dim A（i+5）这样的定义就是错误的。

（3）声明数组时，上标必须大于等于下标。例如，Dim A（−1 to −5）As Integer 这样的定义就是错误的。

3. 一维数组的赋值

数组赋值有两种样式。一种是给数组元素赋值，这种与普通变量赋值一样；另一种是通过函数 array 进行赋值，样式如下。

a（i）=1 #给数据元素赋值

通过 array 赋值，需要在赋值之前声明为 Variant 类型。

```
Dim week as variant
```

week=array（"星期一""星期二""星期三""星期四""星期五""星期六""星期日"）

4. 动态数组应用

定义数组后，为了使用数组，必须为数组分配所需的内存区。根据内存分配时机的不同，可以把数组分为静态（Static）数组和动态（Dynamic）数组。通常把需要在编译时分配内存区的数组称为静态数组，而把需要在运行时分配内存区的数组叫作动态数组。当程序没有运行时，动态数组不占内存，可以把这部分内存用于其他操作。

在 Visual Basic 中，定义动态数组通常分两步：首先在窗体层或标准模块中用 Dim、Private 或 Pubic 声明一个没有下标的数组，但括号不能省略，然后在过程中用 ReDim 语句定义带下标的数组。

ReDim 语句的作用是重新指出数组的大小，其格式如下：

格式：ReDim［Preserve］数组名（下标）［as 类型］

功能：改变动态数组的大小和存储空间。在默认情况下，重新分配空间后，数组内容都会被清空，假设 Preserve 后可以保留原来的数据再分配存储空间。

✅ 应知应会

一维数组在 Visual Basic 程序设计中被广泛应用。为了更好地掌握一维数组的应用，接下来，通过以下案例学习一维数组元素的操作应用。

例 1：通过随机数函数生成范围为 1 ～ 100 的 10 个数，将其写入数组，逆序输出数组元素。

【配置信息】

根据题目要求配置出的代码如下：

```
# 定义数组 a，下标范围为 1 ～ 10
    Dim a（1 To 10）As Integer
# 定义常量 N
    Const N=10
# 随机数取整后写入数组
    Private Sub Command1_Click（）
        For i=1 To N
```

```vb
        a(i)=Int(Rnd * 100)
    Next i
    Label2.Caption=Str(a(1))
    For i=2 To N
        Label2.Caption=Label2.Caption +" " + Str(a(i))
    Next i
End Sub
```

#逆序输出数组元素，存储在标签框中

```vb
Private Sub Command2_Click()
    Label4.Caption=Str(a(N))
    For i=N - 1 To 1 Step -1
        Label4.Caption=Label4.Caption +" " + Str(a(i))
    Next i
End Sub
```

#退出程序

```vb
Private Sub Command3_Click()
    End
End Sub
```

其执行结果如图 4-1-1 所示。

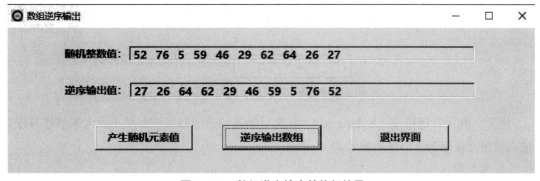

图 4-1-1 数组逆序输出的执行结果

　　算法（Algorithm）是程序设计的核心技能，是对解题方案准确而完整的描述，是一系列解决问题的清晰指令，代表着用系统的方法描述解决问题的策略机制。也就是说，对具有一定规范的输入，能在有限时间内获得所要求的输出。如果一个算法对某个问题存在缺陷，执行这个算法将不能解决这个问题。不同的算法可能用不同的时间、空间或效率来完成同样的任务。

　　利用一维数组的数据结构学习排序算法，是入门算法的最佳载体和最佳路径。本单元侧重学习冒泡算法，还练习简单插入算法，拓展选择排序算法。

冒泡排序（Bubble Sort）也是一种简单直观的排序算法。具体过程可以描述为：先从数组的第一个元素开始，到数组最后一个元素结束，再对数组中相邻的两个元素进行比较，如果位于数组左端的元素大于数组右端的元素，则交换这两个元素在数组中的位置。这样操作后，数组最右端的元素即为该数组中所有元素的最大值。接着对该数组除最右端的 $n-1$ 个元素进行同样的操作，再接着对剩下的 $n-2$ 个元素做同样的操作，直到整个数组有序排列。

冒泡排序算法的原理流程如图 4-1-2 所示。

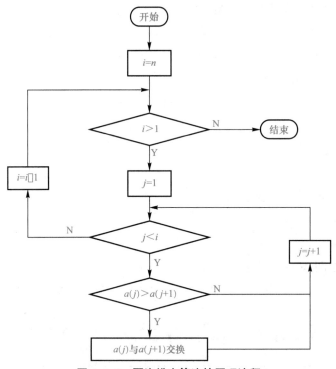

图 4-1-2 冒泡排序算法的原理流程

例 2：利用冒泡排序（Bubble Sort）方法对输入的一组数据按照从小到大的顺序排序。（输入数组元素值为 0 时结束输入）

【配置信息】

根据题目要求，参考图 4-1-2 的流程编写的程序内容如下：

全局模式下定义数组起始下标开始值为 1

```
Option Base 1
```

由于未明确数组长度，因此定义动态数组

```
Dim a( )As Integer
```

全局定义动态数组的长度

```
Dim N As Integer
```

输入一组数据操作

```
    Private Sub Command1_Click ( )
        i=0
        Do
            i=i + 1
            ReDim Preserve a (i) As Integer
            a (i) =Int ( InputBox ( "注意：输入 0 时，结束输入 "," 输入一个
整数 "))
            If i=1 And a (i) <> 0 Then
                Text1.Text=Str (a (i))
            Else
                If (a (i) <> 0 ) Then
                    Text1.Text=Text1.Text +","+ Str (a (i))
                End If
            End If
        Loop Until a (i) =0
        N=i - 1
        ReDim Preserve a (N) As Integer
    End Sub
# 冒泡排序操作
    Private Sub Command2_Click ( )
        For i=N To 1 Step -1
            For j=1 To i - 1
                If a (j) > a (j + 1 ) Then
                    t=a (j)
                    a (j) =a (j + 1 )
                    a (j + 1 ) =t
                End If
            Next j
        Next i
        Text2.Text=Str (a (1))
        For i=2 To N
            Text2.Text=Text2.Text +","+ Str (a (i))
        Next i
    End Sub
# 退出当前操作
```

```
Private Sub Command3_Click()
        End
    End Sub
```

执行结果示意如图4-1-3所示。

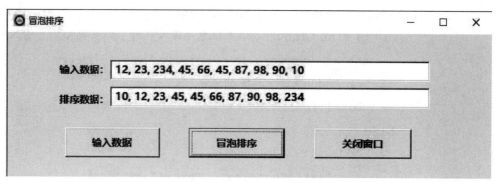

图 4-1-3   冒泡排序运行结果示意

【案例1】下面程序段的运行结果是（   ）。（Option Base 1）

```
Private Sub Form_Click()
    Dim a: b$="": c$=""
    a=Array("effort","run","lucky")
    For i=1 To UBound(a)
    b$=b$ + Left$(a(i),1) : c$=c$ + Right$(a(i),1)
    Next I
    Print c$ + b$
End Sub
```

A. effort
B. tnyerl
C. erltny
D. c$+b$

【解析】UBound（a）返回的是数组元素个数，Left$（a（i），1）表示取当前数组元素左边一个字符，Right$（a（i），1）表示取当前数组元素右边一个字符。

【答案】B

【案例2】下列数组声明语句中，哪一项是正确的？（   ）

A. Dim a[4] As Integer
B. Dim a（4）As Integer
C. Dim a（n）As Integer
D. Dim a（3 4）As Integer

【解析】一维数组的声明格式为：Dim 数组名（[下标 To]上标）[As 类型]。

【答案】B

【案例 3】以下程序输出的结果是什么？（　　）

```
Dim a: A=Array（1,2,3,4,5,6,7）
For i=Lbound（a）To Ubound（a）
    a（i）=a（i）*a（i）
Next i
Print a（i）
```

A．49　　　　　　　　　　　　B．0

C．不确定　　　　　　　　　　D．程序出错

【解析】Lbound（a）返回值为 1，Ubound（a）返回数组元素个数。Option Base 默认参数为 0。

【答案】D

知识测评

一、选择题

1. 语句 Dim b（-2 To 6）As Integer，定义数组元素的个数是（　　）。

A．4　　　　　　　　　　　　B．6

C．8　　　　　　　　　　　　D．9

2. 以下一维数组声明语句中正确的是（　　）。

A．Dim a（1，5）As Integer　　　B．Dim a[1 To 5] As Integer

C．Dim a（1，5）As String　　　D．Dim a[1 To 5] As String

3. 在窗体上添加一个命令按钮，然后编写以下代码：

```
Private Sub Command1_Click（）
    Dim a,i%
    a=Array（1,2,3,4,5）
    j=1
    For i=5 To 1 Step -1
        s=s + a（i）* j
        j=j * 10
    Next i
    Print（s）
End Sub
```

运行上面的程序，单击"命令"按钮后输出的结果是（　　）。

A．12345　　　　　　　　　　B．54321

C．543210　　　　　　　　　　D．150

4. 下面程序，当从键盘输入 1，2，4，4，4，–1 时，输出的结果是（   ）。

```
Private Sub Form_Click ()
    Dim s (1 To 5) As Integer
    x=Val (InputBox ("请输入 x 的值："))
    Do While x <> -1
        s (x) =s (x) + x
        x=Val (InputBox ("请输入 x 的值："))
    Loop
    For i=1 To 5
        If s (i) >=3 Then Print i; s (i)
    Next I
End Sub
```

A. 1 3   B. 3 4

C. 4 4   D. 4 12

5. 在 Visual Basic 初学设计中，下面正确使用动态数组的是哪一项？（   ）

A. Dim arr ( ) As Integer...ReDim arr (3，5)

B. Dim arr ( ) As Integer...ReDim arr (50) As String

C. Dim arr ( )...ReDim arr (50) As Integer

D. Dim arr (50) As Integer...ReDim arr (20)

二、判断题

1. 所有定义的一维数组的下标都是从 1 开始记数的。   （   ）

2. 语句 Dim a As Variant 表示变量 a 可以是系统中任意类型的数据。   （   ）

3. 一维数组的下标可以是正整数、0、负整数和小数。   （   ）

三、填空题

1. 定义一个包含 5 个整数类型的一维数组 a 的语句：Dim a_____As Integer。

2. 在 Visual Basic 程序中，定义一个包含 10 个元素的字符串类型一维数组 b，每个元素最多存储 4 个字符：Dim b_____As。

3. 使用 Rnd 随机产生一个三位数的正整数，随机数公式为：_____。

四、操作题

1. 编写一个程序，用随机函数 rnd 产生 10 个三位数的奇数正整数，将它们求和后在窗口文本框中输出。

2. 任意输入一组数据，通过插入排序技术对它们进行按从大到小顺序排列的操作。

4.2 二维数组

学习目标

● 理解二维数组的基本概念。

● 理解二维数组的数据结构。

● 掌握二维数组的声明、定义和赋值方法。

● 掌握二维数组在程序设计中的应用。

● 实现对多维空间的理论建构与认知。

内容梳理

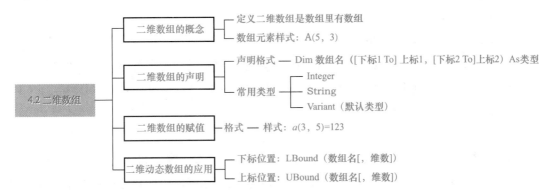

知识概要

二维数组，就是数组里有数组。实际上，二维数组就是在一维数组的基础上，每个元素不再是一个具体的数据类型，而是再存储一个一维数组。二维数组又称为矩阵，行列数相等的矩阵称为方阵。二维数组有两个下标，比如 A（5，3）这个二维数组中共有 6×4=24 个元素，分别是 A（0，0）、A（0，1）... A（5，2）、A（5，3）。

1. 二维数组的概念

二维数组表示一个矩阵，需要两个下标，第一个下标控制行，第二个下标控制列。二维数组的数据结构如图 4-2-1 所示。

$$A \begin{bmatrix} 1 & 2 & 3 \\ 4 & 5 & 6 \\ 7 & 8 & 9 \end{bmatrix}$$

图 4-2-1 二维数组的数据结构

从二维数组的数据结构可以发现，二维数组是由若干行和列组成的数据，通常第一维表示数据的行，第二维表示数据的列，通过行号与列号可以确定数组中的元素，因此，二维数组又称为矩阵。例如，在数组 A 中，A（2，1）表示位置在第 2 行第 1 列的元素。

2．二维数组的声明

在 Visual Basic 中，定义二维数组的格式如下：

Dim 数组名（［下标 1 To］上标 1，［下标 2 To］上标 2）［As 数据类型］

下标 1 和下标 2 默认值为 0，可以通过 Option Base 1 设置修改缺省值。常见二维数组声明有整型二维数组声明、字符串二维数组声明等。

（1）整型声明。

整型二维数组声明语句结构如下：

Dim a（1，2）As Integer

该语句表示定义了一个名称为 a 的二维数组，数据类型为整型。在二维数组 a 中，有 2 行（行下标 0～1），3 列（列下标 0～2），共计 6 个元素：a（0，0）、a（0，1）、a（0，2）、a（1，0）、a（1，1）、a（1，2）。

（2）字符串类型声明。

字符串二维数组声明语句结构如下：

Dim b（1，2 To 4）As String

该语句表示定义了一个数组名为 b 的二维数组，数据类型为字符串类型，有 2 行（行下标 0～1），3 列（列下标 2～4），总计 6 个元素：a（0，2）、a（0，3）、a（0，4）、a（1，2）、a（1，3）、a（1，4）。

3．二维数组的赋值

数组的基本操作包含：数组元素的输入、输出、插入、删除和查询等。数组元素的输入在数组声明后，数组元素的值均为其数据类型的初始值，比如数值型初始值为 0。因此，通常在正式使用数组前，我们需要为数组赋值。二维数组元素赋值与变量赋值一模一样，如：

Dim Student（1 To 3，1 To 4）As String

Student（1，1）= "张三"

Student（1，2）= "李四"

Student（1，3）= "王五"

4．二维动态数组的应用

二维动态数组的应用与一维动态数组的应用类似。ReDim 语句用来定义或重定义原来已经用带空圆括号（没有维数下标）的 Private、Public 或 Dim 语句声明过的动态数组的大小和维度。

二维动态数组的应用代码如下所示：

```
Option Explicit
```

```
Dim BL ( ) As Variant
Dim i As Integer
Dim j As Integer
Private Sub Command1_Click ( )
    ReDim BL (5,10)
    For i=0 To 5
        For j=0 To 10
            BL (i,j) =i^ 2 + j^ 2
        Next
    Next
    For i=0 To 5
        For j=0 To 10
            Print BL (i,j),
        Next
        Print
    Next
End Sub
```

应知应会

　　二维数组是应用广泛的数组数据结构。为了更好地掌握二维数组的应用，接下来将通过举例进一步介绍二维数组。

　　例： 通过随机函数生成 $N×N$ 的数组，求对角线数组元素之和。

　　步骤1： 由于 N 为奇数的对角线之和与 N 为偶数的对角线之和存在差异，如图4-2-2所示，要注意区分 N 的值。

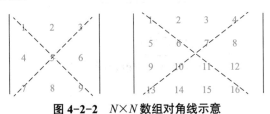

图4-2-2　$N×N$ 数组对角线示意

　　步骤2： 对角线求和流程如图4-2-3所示。

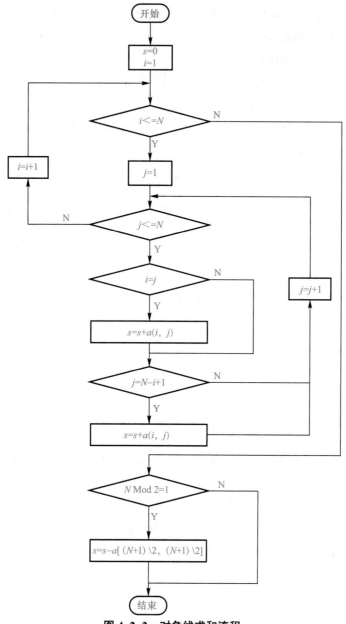

图 4-2-3　对角线求和流程

步骤 3：配置信息。

```
Option Base 1
Dim a ( )
Public N As Integer
Private Sub Command1_Click ( )
    Dim str1 As String
    N=Int (InputBox ("请输入一个正整数 ","输入正整数 "))
```

```
        Label1.Caption=" 随机生成 " + Str (N) +" *" + Str (N) +" 数组 "
        ReDim a (N,N)
        For i=1 To N
            For j=1 To N
                a (i,j) =Int (Rnd * 100)
            Next j
        Next i
        For i=1 To N
            For j=1 To N
                str1=str1 + Space( 8 - Len(LTrim(Str(a(i,j)))))+ LTrim(Str
(a (i,j)))
            Next j
            str1=str1 + Chr (13) + Chr (10)
        Next i
        Text1.Text=str1
        If Text1.Text <>""Then Command2.Enabled=True
    End Sub
    Private Sub Command2_Click ( )
        s=0
        For i=1 To N
            For j=1 To N
                If i=j Then s=s + a (i,j)
                If j=N - i + 1 Then s=s + a (i,j)
            Next j
        Next i
        If N Mod 2=1 Then s=s - a ((N + 1) \ 2, (N + 1) \ 2)
        Label3.Caption=s
    End Sub
    Private Sub Command3_Click ( )
        End
    End Sub
    Private Sub Form_Load ( )
        If Text1.Text=""Then Command2.Enabled=False
    End Sub
```

步骤4：配置结果示意如图 4-2-4 所示。

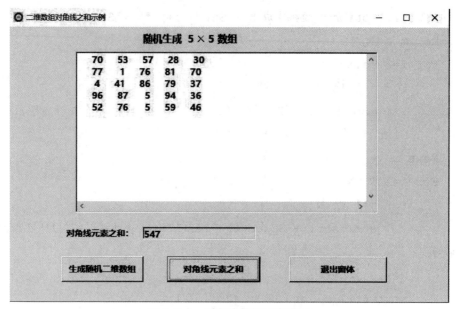

图 4-2-4 对角线数组元素求和

典型案例

【案例 1】在 Visual Basic 程序设计中，语句 Dim a（-3 To 4，3 To 6）As Integer 定义的数组的元素个数是多少？（　　）

A．18　　　　　　　　　　　　B．28

C．21　　　　　　　　　　　　D．32

【解析】根据数组声明语句，我们可以明确其结构，如图 4-2-5 所示。

a(-3, 3)	a(-3, 4)	a(-3, 5)	a(-3, 6)
a(-2, 3)	a(-2, 4)	a(-2, 5)	a(-2, 6)
……	……	……	……
a(4, 3)	a(4, 4)	a(4, 5)	a(4, 6)

图 4-2-5 二维数组数据结构示意

从图 4-2-5 中可以发现，语句 Dim a（-3 To 4，3 To 6）As Integer 定义的数组是 8 行 4 列，因此有 32 个元素。

【答案】D

【案例 2】在 Visual Basic 程序设计中，下面正确使用动态数组的是哪一项？（　　）

A．Dim arr（）As Integer　　　　　　B．Dim arr（）As Integer

ReDim arr（3，5）   ReDim arr（50）As String

C．Dim arr（）   D．Dim arr（50）As Integer

ReDim arr（50）As Integer   ReDim arr（20）

【解析】ReDim 语句可以修改动态数组维数和大小，但不能修改类型。

【答案】A

【案例 3】在 Visual Basic 程序设计中，以下叙述中错误的是哪一项？（   ）

A．ReDim 语句可以修改数组的维数

B．ReDim 语句可以修改数组的类型

C．ReDim 语句可以修改数组每一维的大小

D．ReDim 语句可以将数组中的所有元素置 0 或置为空字符串

【解析】ReDim 语句可以修改动态数组维数和大小，但不能修改类型。

【答案】B

知识测评

一、选择题

1．在 Visual Basic 程序设计中，假设程序中有如下数组定义和过程调用语句：

```
Dim a（10）As Integer
Call p（a）
```

下列过程定义中，正确的是哪一项？（   ）

A．Private Sub p（a As Integer）

B．Private Sub p（a（）As Integer）

C．Private Sub p（a（10）As Integer）

D．Private Sub p（a（n）As Integer）

2．在 Visual Basic 程序设计中，对语句：Dim a（–1 to 4，3）As Integer 定义描述正确的是哪一项？（   ）

A．a 数组有 18 个数组元素   B．a 数组有 20 个数组元素

C．a 数组有 24 个数组元素   D．语法有错

3．在 Visual Basic 程序设计中，语句 Dim b（1，2 To 4）As String 所定义的数组第二维度上标为（   ）。

A．3   B．2

C．1   D．4

4．在 Visual Basic 程序设计中，设有如下声明语句：

```
Option Base  1
Dim arr（2,-1 To 5）As Integer
```

则数组 arr 中数组元素的个数是（　　）。

A．10   B．12

C．14   D．21

5．在 Visual Basic 程序设计中，有下列程序代码：

```
Option Base 1
Private Sub Form_Click ()
    Dim a (4,4)
    For i=1 To 4
      For j=1 To 4
       a (i,j) =2 * i + j
      Next j
    Next i
    Print a (2,3); a (4,3)
End Sub
```

运行程序，单击窗体后输出的结果是什么？（　　）

A．7　11   B．4　11

C．7　8   D．4　8

二、判断题

1．在 Visual Basic 二维数组定义时，对于数组的每一维均可以设定下标和上标，中间用 To 连接。   （　　）

2．在 Visual Basic 程序设计中，语句 Dim a（–3 To –5，3）声明了一个整型二维数组 a。
（　　）

3．在 Visual Basic 程序设计中，ARRAY 函数可以给整型数组进行赋值。   （　　）

三、填空题

1．在 Visual Basic 程序设计中，有如下代码：

```
Option Base 1
Private Sub Form_Click ()
    Dim a (3,3) As Integer
    For i=1 To 3
        For j=1 To 3
            a (i,j) =
            Print a (i,j);
        Next j
    Print
    Next i
```

```
End Sub
```

运行上面的程序，单击窗体，输出结果如下：

1	4	7
2	5	8
3	6	9

则在横线处填入正确的内容_____。

2. 在 Visual Basic 程序设计中，数组声明为_____，数组元素可以是不同类型的值。

3. 在 Visual Basic 程序设计中，数组声明如下：

```
Dim a(3,115) As Integer
```

请问 UBound (a, 2) 返回的值是_____。

四、操作题

编写程序实现方阵转置，在 Visual Basic 中编写代码把 1 ～ 100 的随机数赋值给方阵数组，然后编写代码实现方阵转置，再比较转置前后的数组元素值。

4.3 控件数组

学习目标

● 理解控件数组的基本概念；

● 理解课件数组的逻辑原理；

● 掌握控件数组的创建方法；

● 熟练掌握控件数组的实践应用；

● 拥有应用控件数组完成复杂程序设计的能力。

内容梳理

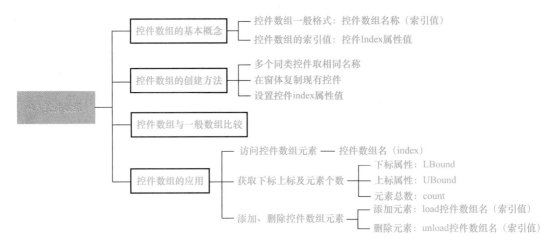

知识概要

在 Visual Basic 程序设计中，控件是用户界面的基本要素，是进行可视化程序设计的重要基础，它不仅关系到界面是否友好，还直接关系到程序的运行速度和整个程序的优劣。每个控件都具有它的属性、方法和事件，要开发一个好的程序，开发者不仅需要掌握控件的属性和事件，还要掌握它的方法。

在 Visual Basic 程序设计中，控件分为两种，即标准控件（或内部控件）和 ActiveX 控件。标准控件是工具箱中的"常驻"控件（始终出现在工具箱里），而 ActiveX 控件是扩展名为 .ocx 的文件（在 Windows 下的 System 文件夹里），它是根据编程需要添加到工具箱里的。

一般情况下，工具箱里只有标准控件，为了把 ActiveX 控件添加到工具箱里，可按以下步骤操作：

（1）在菜单里选择"工程－部件"，弹出"部件"对话框。

（2）在对话框中选择"控件"选项卡，显示 ActiveX 控件列表。

（3）在列表框中找到需要添加的控件名称，单击控件名称左侧的复选框。

（4）使用同样的方法选择需要添加的其他控件。

（5）单击"确定"按钮，即可将所选的 ActiveX 控件添加到工具箱里。

1. 控件数组的基本概念

在 Visual Basic 程序设计中，常用的控件有窗体（Form）控件、文本框（Text）控件、标签（Label）控件、框架（Frame）控件、命令按钮（Command）控件、复选框（Check）控件、单选框（Option）控件、组合框（Combo）控件、列表框（List）控件、滚动条（HScrollBar 和 VScrollBar）控件、文件系统（File System）控件、形状（Shape）控件、直线（Ling）控件、图片框（Picture）控件、图像（Image）控件、数据（Data）控件和 OLE（Object Linking and Embedding，对象链接与嵌入）控件。在应用程序中，对于一些类型相同、功能相似的控件，将其定义成一个控件数组来操作，其中的每一个控件就是控件数组元素。格式为：控件数组名（索引值）。同一控件数组元素具有相同的名称，通过不同的索引（下标）来区分，索引号由控件的 Index 属性决定，最大值为 32767。

2. 控件数组的创建方法

在 Visual Basic 程序设计中，可以使用以下两种方法来创建控件数组。

方法 1：将窗体同类控件取相同名称，形成控件数组。

操作步骤如下：

（1）选中第一个控件，将控件的 Name 属性值改为控件数组的名称。

（2）将其余的控件元素的 Name 属性值，依次改为控件数组的名称。在创建第二个控件元素时，会弹出创建控件数组确认对话框，选择"是"便可完成将控件添加到控件数组的操作。

方法 2：复制窗体中现有的控件，形成控件数组。

操作步骤如下：

（1）在窗体中创建第一个控件。

（2）在窗体中通过"复制""粘贴"操作创建控件数组。

3. 控件数组与一般数组比较

控件数组与一般数组虽然在概念上类似，但在实际使用中仍然存在较大的差别，具体差异如表 4-3-1 所示。

表 4-3-1　控件数组与一般数组对比

控件数组	一般数组
元素为一个控件，是一个对象	元素是各种类型的数据
下标可以不连续	下标必须连续
只能定义一维	可以定义多维
可以直接在空闲索引号上增加元素	只能在数组的末尾位置上增加元素

4. 控件数组的应用

控件数组是一组具有共同名称和类型的控件，同一个控件数组中的元素可以有自己的属性设置。常见的控件数组的应用是实现选项按钮的分组和菜单控件。

（1）运行时添加控件。

在运行时，可用 Load 和 Unload 语句添加和删除控件数组中的控件。然而，添加的控件必须是现有控件数组的元素，必须在设计时创建一个 Index 属性为 0 的控件。例如，要在程序运行时添加一个如图 4-3-1 所示的控件数组，可以先在窗体上创建一个命令按钮（Command1），设置其 Index 属性为 0。

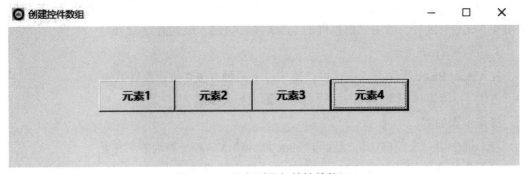

图 4-3-1　运行时添加的控件数组

其过程代码如下:

```
Private Sub Form_Load()
    Command1(0).Visible=False
    For i%=1 To 4
        Load Command1(i)
        Command1(i).Visible=True
        Command1(i).Top=Command1(i - 1).Top
        Command1(i).Left=Command1(i - 1).Left + Command1(i - 1).Width
        Command1(i).Caption=" 元素 "& i
    Next i
End Sub
```

（2）Index 参数的意义。

控件数组的事件过程中有一个 Index 属性，如在 Command1_Click（）事件过程的第一行代码是这样的：Private Sub Command1_Click（Index as Integer）。这里的 Index 返回或设置唯一地标识控件数组中一个控件的编号。

因为控件数组元素共享同一个 Name 属性设置，所以必须在代码中使用 Index 属性来指定数组中的一个特定的控件。Index 必须以整数的形式（或一个能计算出整数的数字表达式）出现在紧接控件数组名之后的圆括号内，如 Command1（2）。要从控件数组中删除一个控件，需要改变控件的 Name 属性设置，并删除该控件的 Index 属性设置。

✅ 应知应会

控件数组在 Visual Basic 程序设计中被广泛应用，为了更好地掌握控件数组的应用，接下来我们通过案例学习控件数组元素的操作应用。

例 1：设计一个简单计算器，要求能够对输入的两个整数做加、减、乘、除四则运算。

【解析】

步骤 1：分析题意，确定控件及控件数组类别。控件及控件数组主要包含：

一是 0 ~ 9 数字按键控件数组 Command1；

二是运算符号按键控件数组 Command2；

三是清除标签内容按键控件 Command3；

四是运算结果按键控件 Command4；

五是显示运算过程标签控件 Label1。

计算器控件及控件组如表 4-3-2 所示。

表 4-3-2　计算器控件及控件组

对象	属性	设置
显示标签	名称	Label1
数字按键控件组	名称	Command1
	Index	0 ~ 9
运算符号按钮控件组	名称	Command2
	Index	0 ~ 3
清除按钮	名称	Command3
	Caption	CE
运算按钮	名称	Command4
	Caption	=

步骤 2：依据题意设计运算器（图 4-3-2）。

图 4-3-2　计算器设计示意

步骤 3：依据题意编写代码。

```
Private Sub Command1_Click(Index As Integer)'数字输入
    If Index=0 And Right(Label1.Caption,1)=""Then Exit Sub  '防止
输入 0 开头的数
    If Index=0 And Right(Label1.Caption,1)="" Then Exit Sub '防止
输入 0 开头的数
    Label1.Caption=Label1.Caption & Index
End Sub
Private Sub Command2_Click(Index As Integer)'符号输入
    If Not IsNumeric(Right(Label1.Caption,1)) Then Exit Sub
    Select Case Index
        Case 0
            Label1.Caption=Label1.Caption &" ＋ "
        Case 1
            Label1.Caption=Label1.Caption &" － "
        Case 2
            Label1.Caption=Label1.Caption &" × "
        Case 3
            Label1.Caption=Label1.Caption &" ÷ "
    End Select
End Sub

Private Sub Command3_Click( )'清空计算器
    Label1.Caption=""
```

```
End Sub

Private Sub Command4_Click() '进行简单计算
    If Label1.Caption="" Then Exit Sub        '防止空计算
    Dim a() As String
    a()=Split(Label1.Caption," ") '将计算公式分割成数组
    If UBound(a)<> 2 Then Exit Sub        '判断是否符合简单计算条件
    If a(1)=" + " Then Sum=Val(a(0))+ Val(a(2))
    If a(1)=" — " Then Sum=Val(a(0))- Val(a(2))
    If a(1)=" × " Then Sum=Val(a(0))* Val(a(2))
    If a(1)=" ÷ " Then Sum=Val(a(0))/ Val(a(2))
    Label1.Caption=Sum
End Sub
```

步骤 4：利用计算器进行运算，运算示意如图 4-3-3 所示。

图 4-3-3　计算器运算示意

【案例 1】执行了下面的程序后，列表框中的数据项是什么？（　　）

```
Private Sub Form_Click()
    For i=1 To 6
        List1.AddItem i
    Next i
    For i=1 To 3
        List1.RemoveItem i
```

```
        Next i
End Sub
```

A. 1，5，6   B. 2，4，6

C. 4，5，6   D. 1，3，5

【解析】第一个 For 循环列表框有 1、2、3、4、5、6 共六个元素，元素编码为 0 ～ 5。第二个 For 循环，进行了三次移除，第一次移除编码为 1 的元素，即元素值是 2，移除之后剩余的元素是 1、3、4、5、6，元素编码对应为 0 ～ 4；第二次移除编码为 2 的元素，即移除 4，移除之后剩余元素是 1、3、5、6，元素编码对应为 0 ～ 3；第 3 次移除的是编码 3 的元素，即移除 6，因此，剩余元素是 1、3、5。

【答案】D

【案例 2】在 Visual Basic 程序设计中，要在窗体中设计两组单选按钮，应用下列哪个控件对其分组合适？（　　）

A. Picture   B. Image

C. Label   D. Frame

【解析】在 Visual Basic 中，Frame 是一种控件，Frame 控件为控件提供可标识的分组。Frame 可以在功能上进一步分割一个窗体，例如，把 OptionButton 控件分成几组。为了将控件分组，首先需要绘制 Frame 控件，然后绘制 Frame 里面的控件，这样即可同时移动框架和里面的控件。

【答案】D

知识测评

一、选择题

1. 在 Visual Basic 程序设计中，以下关于控件数组的叙述中，正确的是哪一项？（　　）

A. 由于数组中的元素不同，可以响应的事件也不同

B. 数组中可包含不同类型的控件

C. 数组中各个控件具有相同的 Index 属性值

D. 数组中各个控件具有相同的名称

2. 在 Visual Basic 程序设计中，对于控件按钮数组 Command1，以下说法中错误的是哪一项？（　　）

A. 数组中每个命令按钮的名称（Name 属性）均为 Command1

B. 数组中每个命令按钮的 Index 属性值都相同

C. 数组中各个命令按钮使用同一个 Click 事件过程

D. 若未进行修改，数组中每个命令按钮的大小都一样

3. 在 Visual Basic 程序设计中，窗体上有名称为 Text1、Text2 的两个文本框，有一

个由三个单选按钮构成的控件数组 Option1。程序运行后，如果单击某个单选按钮，则执行 Text1 中的数值与该单选按钮所对应的运算（乘以 1、10 或 100），并将结果显示在 Text2 中。为了实现上述功能，在下划线处，完善程序设计。

```
Private Sub Option1_Click(Index As Integer)
    If Text1. Text <> ""Then
        Select Case
            Case 0
                Text2. Text=Val(Text1. Text)
            Case 1
                Text2. Text=Val(Text1. Text)*10
            Case 2
                Text2. Text=Val(Text1. Text)*100
        End Select
    End If
End Sub
```

A．Index

B．Option1. Index

C．Option1（Index）

D．Option1（IndValue）

二、判断题

1．在 Visual Basic 程序设计中，同一控件数组元素是指具有相同的名称，通过不同索引来区分的控件。（　　）

2．在 Visual Basic 程序设计中，控件数组与一般数组一样可以定义多维数组。（　　）

3．在 Visual Basic 程序设计中，使用控件数组比直接使用多个同类型控件所消耗的资源更少。（　　）

三、填空题

1．在 Visual Basic 程序设计中，要取控件数组元素个数，可以通过控件数组的_____属性来获取。

2．在 Visual Basic 程序设计中，通过控件数组的_____属性可以获取控件数组元素下标与上标。

3．在 Visual Basic 程序设计中，动态添加控件数组元素使用 Load 语句，动态删除控件数组元素使用_____语句。

四、实操题

1．设计一个修改字体的测试程序，要求在选中任意一个单选按钮所描述的字体时，标签中的文本字体按选中的字体格式调整。

2．在窗体上绘制一个奥运五环，分别实现"五环相连""彩色五环""运动五环"和"停止移动"四项效果。

4.4 单元测试

一、选择题

1．如果要在语句：a=Array（1，2，3，4，5）的前面声明变量，则正确的声明是（   ）。

A．Dim a（4）As Integer

B．Dim a（5）As Variant

C．Dim a（1 To 5）As Integer

D．Dim a As Variant

2．在 Visual Basic 程序设计中，以下叙述中错误的是哪一项？（   ）

A．用 ReDim 语句可以改变数组的维数

B．用 ReDim 语句可以改变数组的类型

C．用 ReDim 语句可以改变数组每一维的大小

D．用 ReDim 语句可以对数组中的所有元素置 0 或空字符串

3．在 Visual Basic 程序设计中，以下关于数组的叙述中，错误的是（   ）。

A．Variant 类型的数组中各数组元素的类型可以不同

B．各数组元素可以是不同类型的控件

C．各数组元素通过下标来区别

D．各数组元素具有相同的名称

4．在 Visual Basic 程序设计中，假设有如下一段程序：

```
Private Sub Commandl_Click()
    Static a As Variant
    a=Array("one","two","three","four","five")
    Print a(3)
End Sub
```

针对上述事件过程，以下叙述中正确的是（   ）。

A．变量声明语句有错，应改为 Static a（5）As Variant

B．变量声明语句有错，应改为 Static a

C．可以正常运行，在窗体上显示 three

D．可以正常运行，在窗体上显示 four

二、填空题

1．在 Visual Basic 程序设计中，执行如下代码：

```
Option Base 1
```

' 程序运行时，单击命令按钮 Commandl，输入 2355270224，

```
Private Sub Command1_Click()
    Dim a(10) As Integer,x,b
    x=InputBox("请输入一个多位整数")
    Print b

    For k=1 To Len(x)
        b=Mid(x,k,1)
        a(Val(b)+1)=a(Val(b)+1)+1
    Next k
    s=""
    For k=1 To 10
      s=s & a(k)
    Next k
    Print s
End Sub
```

其输出结果是_____。

2. 在 Visual Basic 程序设计中，二维数组声明语句：

```
    Option Base 1
    Dim a(-3 to 2,5) As Integer,
```

数组 a 有_____数组元素。

3. 在 Visual Basic 程序设计中，执行下列代码：

```
Static a As Variant
a=Array("一","二","三","四","五")
Print a(3)
```

输出结果为_____。

三、判断题

1. 公司新来的程序员使用 Visual Basic 定义了一个数组 Dim s（1 To −5）As Integer，你认为其定义是否正确。（　　）

2. 在 Visual Basic 程序设计中，方阵其实就是特殊的矩阵，当矩阵的行数与列数相等时称为方阵。（　　）

3. 要清除数组的内容或对数组重新定义，可以用 Erase 语句来实现。（　　）

四、操作题

1. 任意输入一组数据，通过选择排序技术实现按从小到大顺序排列。

2. 编写程序实现随机生成两个 3×4 的两位正整数矩阵后求和。

3. 建立一个在框架内包含 3 个元素的单选按钮控件数组，单选按钮标题分别为红色、

绿色和蓝色。单击单选按钮可将标签控件的背景色改为红色、绿色或蓝色。单位按钮结构
示意如图 4-4-1 所示。

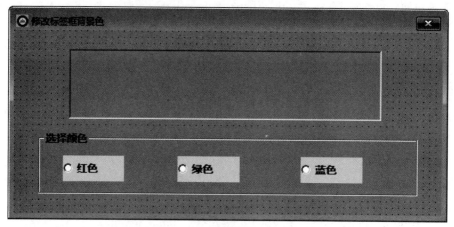

图 4-4-1　单选按钮结构示意

参 考 文 献

［1］段标，陈华. 计算机网络基础［M］. 6 版. 北京：电子工业出版社，2021.

［2］谢希仁. 计算机网络［M］. 7 版. 北京：电子工业出版社，2021.

［3］连丹. 信息技术导论［M］. 北京：清华大学出版社，2021.

［4］刘丽双，叶文涛. 计算机网络技术复习指导［M］. 苏州：江苏大学出版社，2020.

［5］宋一兵. 计算机网络基础与应用［M］. 3 版. 北京：人民邮电出版社，2019.

［6］陈国升. 计算机网络技术单元过关测验与综合模拟［M］. 北京：电子工业出版社，2019.

［7］戴有炜. Windows Server 2016 网络管理与架站［M］. 北京：清华大学出版社，2018.

［8］王协瑞. 计算机网络技术［M］. 4 版. 北京：高等教育出版社，2018.

［9］周舸. 计算机网络技术基础［M］. 5 版. 北京：人民邮电出版社，2018.

［10］张中荃. 接入网技术［M］. 北京：人民邮电出版社，2017.

［11］吴功宜. 计算机网络［M］. 4 版. 北京：清华大学出版社，2017.

［12］刘佩贤，张玉英. 计算机网络［M］. 北京：人民邮电出版社，2015.